农村消防要览

NONGCUN XIAOFANG YAOLAN

姚 斌 芮 磊◎编 著

全 国 百 佳 图 书 出 版 单 位
APTIME 时代出版传媒股份有限公司
时代出版
安 徽 人 民 出 版 社

图书在版编目(CIP)数据

农村消防要览/姚斌,芮磊编著. —合肥:安徽人民出版社,2015.11

ISBN 978－7－212－08403－5

Ⅰ.①农…　Ⅱ.①姚…　②芮…　Ⅲ.①农村—消防—基本知识　Ⅳ.①TU998.1

中国版本图书馆 CIP 数据核字(2015)第 252520 号

农村消防要览

姚　斌　芮　磊　编著

出 版 人:徐　敏　　　　　　　　　　　　　　责任印制:董　亮

责任编辑:蒋越林　　　　　　　　　　　　　装帧设计:宋文岚

出版发行:时代出版传媒股份有限公司 http://www.press-mart.com

　　　　　安徽人民出版社 http://www.ahpeople.com

地　　　址:合肥市政务文化新区翡翠路 1118 号出版传媒广场八楼　邮编:230071

电　　　话:0551－63533258　0551－63533292(传真)

制　　　版:合肥市中旭制版有限责任公司

印　　　制:合肥现代印务有限公司

开本:710mm×1010mm　　1/16　　印张:10.5　　　字数:180 千

版次:2015 年 11 月第 1 版　2017 年 8 月第 2 次印刷

ISBN 978－7－212－08403－5　　　定价:30.00 元

前　　言

当前,我国已经进入全面建设小康社会的新阶段,在新的形势下,农村消防安全工作的滞后现象越来越明显,火灾造成的危害十分突出。据国家安全生产监管总局消息,近几年来,全国农村火灾起数约占火灾总起数的6成左右,农村平均每年发生火灾6.7万起,死亡1500余人,受伤2200余人,直接财产损失6.7亿元;每年受灾住户达4.4万户,受灾农民数量达15万人。"水火无情",对农村消防工作应当也必须引以为重,并从基础建设做起,改善消防环境,提高安全意识,发展消防力量,彻底扭转当前农村火灾形势严峻的局面。

加强农村消防工作是加快新农村建设步伐的具体体现,也是我国全面依法治国的一项重要基础工作。随着党中央关于"三农"问题一系列战略部署的实施,农村产业结构调整、农村城镇化进程以及乡镇企业、民营经济发展的步伐必然进一步加快,农村的农资、农机以及用火、用电、用油、用气必然大量增加,火灾危险因素也必然呈增多趋势。消防安全事业应与各项建设齐头并进,因为它们并非一对矛盾,而是"共生"关系,消防安全已成为经济建设的组成部分,又是其重要的保障条件。

当前农村消防安全工作存在的主要问题表现在:消防安全管理工作机制尚未建立和完善,农村消防保障基础设施薄弱,缺乏应有的消防设施装备和处置力量,相当一部分农村居民缺乏基本的消防常识和安全意识,火灾事实表明,很多人既是火灾发生的受害者,同时又是相关责任者,甚至是直接肇事者。

农村消防建设与发展,首先离不开各级政府的正确领导。严峻的火灾形势要求各级政府必须从本地实际出发,专题研究,制订方案,落实措施,做到各部门齐抓共管,强化督促检查和指导,尤其要注意研究并充分利用国家和当地发展农村的有关政策,紧密结合"扶贫攻坚"战略的实施,整合和发挥全社会的资源优势,积极争取政策和资金上的支持,共同做好农村消防工作。

其次,要坚持以消防法制宣传为主线,持续开展形式多样的消防宣传和教育,把消防法律法规宣传贯彻工作从城市延伸到农村,从社会延伸到家庭,告知消防安全责任,推动农村单位、家庭树立起自我负责、自我管理的消防安全责任主体意识。因此,必须以消防宣传教育为切入点,充分发动民政、司法、教育、文化、共青团、妇联等各方面力量,利用各种现代宣传媒介和手段,广泛开展农村消防宣传工作,把农村消防宣传教育纳入普法教育活动与社会综合治理等工作之中,切实增强农村消防宣传工作的针对性和实效性,除宣传其重要性外,还要针对不同地区如林区、牧区、山寨等特点,向广大群众开展联系实际、贴近生活的消防宣传,普及防火、灭火常识,提高火灾自救逃生的基本技能。

再次,必须研究建立以法制为基准的长效机制,实现标本兼治。这就要求动员全社会的力量,努力建立较为完善的农村消防安全管理组织体系,形成"政府统一领导,村镇自主负责,部门依法监管,群众积极参与"的农村消防工作格局。落实以责任制为主要内容的农村消防工作制度,初步形成"网格化"的逐级消防责任制。同时,要结合农村特点,通过建立乡规民约、村规民约、村民防火公约等形式,定规矩,画红线,从制度上规范农民群众的日常生产生活中的行为方式。

当前农村消防工作的一项重要而紧迫的任务就是采取有效措施,进一步加强村、镇消防规划的制定和落实。根据"因地制宜、逐项改善"的原则,着重解决好消防水源、消防通道、防火分隔以及建筑防火和安全用火、用电、用油、用气等问题,大力发展农村多种形式消防保卫力量,推动乡镇建立专职消防队或兼职消防队,在村镇普遍建立义务消防队和防火组织,及时扑灭初起火灾,有效保护当地农民群众的生命财产安全。

编印本册《农村消防要览》,旨在面向农村基层组织和广大农民群众,以宣传教育为先导,大力普及消防法律知识和防火基本知识,提高广大农民群众的消防素质与安全意识,增强做好消防安全工作的自觉性、积极性和主动性,进而带动农村消防工作的全面发展。同时,借助这一消防宣传教育载体,促使广大农民群众移风易俗,改变生产、生活陋习,代之以先进思想理念和现代文明生活方式,有利于广大群众安全素质与意识的提高,不失为加快农村社会物质与精神文明建设的一个有利渠道和途径。

目　　录

第一章　关注农村消防

我国是一个农业大国,据有关统计数据显示,全国目前有乡镇3.4万余个,行政村62万个,自然村257万多个,仍有7.35亿人居住在乡镇、农村,占全国总人口数的53.6%。关注并积极做好农村消防工作,对于推动新农村建设,维护社会和谐稳定,推动全国经济社会又好又快发展,具有十分重要的意义。

随着经济和社会的快速发展,农村的生活水平有了不同程度的提高,用油、用电、用火、用气量也随之增加,再加上受传统观念、管理与教育落后以及地理条件等因素的制约和影响,导致农村火灾发生频繁,造成的危害大、受灾面广。消防工作是保障农村迈向小康社会的重要基础,但消防工作明显滞后于经济和社会的发展,特别是消防工作基础薄弱等问题日益突出，严重影响了农村经济的健康持续发展。当前，我国农村消防工作的总体状况不容乐观，主要表现在以下方面：

一、消防基础建设缺少规划

村民住宅规划布局不合理，建筑耐火等级低。经济欠发达地区，由于经济实力、历史原因和国家提倡节约土地，当地农民喜欢群居风俗等方面因素，使大部分农民一定范围内分片居住生活在一起，形成"户挨户，屋连屋"。当作燃料的柴草，加上喂牲畜的饲草，可燃物堆积如山，没有防火间距，在村组民居建设时，一般不考虑当地常年主导风向，顺风而设，遇到大风天气，一家起火，殃及四邻，在短时间内多个家庭受灾。有的火灾受灾村民少则几户十几人，多则几十户上百人。

二、消防保障设施长期欠缺

大部分乡、镇均未有设置公共消防设施，消防水源严重缺乏。发生火灾后灭火工具用的还是水桶、脸盆，靠的还是人海战术，加上消防车补水困难，往往造成"杯水车薪"的被动局面。此外，农村乡镇大多远离消防站，由于路况较差、岔口多、无路标，在接到火灾报警后消防车往往要一个甚至几个小时才能赶到现场，有时难以找到火场的准确方位，有时消防车到了火场却由于道路太窄进不了村，有力量也使不上。还有很多火灾发生后，由于报警不及时、初期处理不力而错失灭火良机，致使小火酿成大灾。

三、群众消防意识普遍淡化

由于农村消防宣传工作不到位和全民消防教育滞后，致使很多人缺乏防火、灭火和消防法律知识。不少父母外出务工，留守儿童疏于教育与管理，玩火致灾事故远多于城市；工业生产中条件简陋，从业人员不懂安全规程，违章操作，冒险蛮干导致农村小企业、小作坊火灾事故频发；无视法纪，因为邻里纠纷、家族之间的积怨、矛盾以及眼前的利益受到损害等因素，报复纵火事件时有发生，且危害极大；有法不依，有章不循，防火制度不健全、不落实的现象比较普遍。

四、消防安全管理有名无实

农村基层干部大多未经消防系统培训，消防管理知识相对贫乏，平时也无暇顾及消防安全工作，农村消防组织、制度不健全，消防工作不落实，对火灾隐患习以为常，行政管理长期停留在"口头告诫"模式上。火灾发生后，乡村干部最多只是组织人员扑救，灭火了事，不分析、总结火灾教训，不结合灾情进行防火安全宣传教育，以提高村民的防火安全意识，也不落实相应的火灾预防措施。同时，由于城市消防管理工作任务繁重，公安消防监督机构警力有限，多年来，消防监管的重心一直落在城市建成区，广大农村派出所民警普遍不熟悉消防监督检查业务，不会消防行政执法，加之农村地域广、交通不便、对接困难,致使农村消防监管工作几乎成为空白。

五、消防宣传教育软弱无力

长期以来,大多数乡(镇)政府宣传部门没有真正把消防宣传工作摆上重要位置,加之受地域广阔、村民居住分散、资金有限等因素的影响,很多乡镇全年无消防宣传计划,无专门经费,无保证措施,无固定的宣传阵地,导致农村成了消防宣传的盲区。即使搞了宣传,也仅限于挂一些条幅,写一条标语,形式单一,起不到应有的宣传效果。由于宣传教育不够,致使村民消防意识薄弱,对消防知识不太关注,消防知识也很缺乏。在许多边远地区的农村,消防知识的传播渠道更加闭塞。大部分青壮年都外出打工,只剩下老年人及儿童,根本谈不上消防宣传,更谈不上及时检查发现和消除火灾隐患了。

六、生产生活习俗滋生灾患

"习惯成自然",大多数农村在房内用柴草、秸秆生火做饭、取暖,用油灯、蜡烛等明火照明,随处吸烟、随手乱扔烟头,上坟祭祖等在林地或有可燃物存放处焚烧香纸,不分场合燃放烟花爆竹,在房屋附近焚烧垃圾等,这些人为活动都有可能引发火灾事故。而在村庄中堆放柴草,有的还占用了消防通道,进一步加大了火灾危险性。另外,部分地区有在麦收期间焚烧麦茬的传统做法,不仅容易引发火灾,还对环境造成影响。

农村火灾危害

自从改革开放以来,我国农村经济快速发展,农村居民生活水平有了翻天覆地的变化。但是,农村消防发展水平仍然较低,消防基础设施建设、消防装备和消防管理机制,已不能满足新农村建设的消防安全保障需要,农村火灾形势十分严峻。以2013年为例,全国共发生火灾388821起,死亡2113人,伤1637人,直接财产损失48.47亿元。其中乡镇、农村共发生火灾183909起,死亡1169人,伤768人,直接财产损失22.54亿元,分别占总数的47.3%、55.3%、46.9%、46.5%。

农村经济的发展与消防安全现状极不协调。由于农村公共消防设施缺乏、消防力量薄弱等原因,农村火灾事故很难得到及时有效的扑救,往往使小火酿成大灾。如2009年11月6日凌晨,广西三江县独峒乡林略村林略屯因电气故障发生火灾,共烧毁民房196座296户,受灾1121人,5人死亡;2014年1月26日凌晨4时50分,贵州省从江县西山镇岑杠村发生火灾,涉及26户人家,造成起火户一家5人死亡和全村131人受灾,直接经济损失700余万元。这些事故对当地生活水平本来就不高的农村家庭来说,无疑是雪上加霜,对农村经济发展也构成相当大的影响。农村火灾长期呈现高发趋势,有的地方还发生了重特大火灾,甚至造成严重的人员伤亡。资料显示,2001—2010年,农村每年因火灾致人死亡1200余人,每万起火灾死亡162人,而城市为58人,农村万起火灾亡人数是城市的2.8倍。总之,在农村地区,火灾已经成为制约经济发展、威胁民众生命财产安全的主要灾害之一。

农村火灾,特别是火烧连营的重特大火灾,往往一起火灾就使数十、数百农户"因灾返贫",成了困扰社会主义新农村建设的主要问题之一。早在2006年1月,党中央在1号文件《关于推进社会主义新农村建设的若干意见》中就特别提出"要加强农村消防工作,从战略和全局的高度,提升农村公共消防安全水平,为建设社会主义新农村提供良好的消防安全环境",这充分说明了我国农村消防工作面临的严峻形势已引起了党中央、国务院的高度重视。从2016年起的"十三五"时期将是我国加快发展的重要阶段,而全面建成小康社会最艰巨、最繁重的任务在农村,国家提出确保农村贫困人口到2020年如期脱贫的战略目标。因此,分析农村火灾的原因和发生规律,总结农村火灾扑救的措施,减少农村火灾的危害,也是构建和谐平安社会、统筹城乡经济社会全面发展的必然要求。

农村火灾原因

由于社会和历史的原因,我国农村消防工作发展不平衡,总体上还很薄弱,与城市建成区比较,我国农村与小城镇经济发展普遍落后,消防安全投入和安全基础设施建设水平普遍较低,农村村民的消防安全意识普遍不及城市居民,农村建筑的防火抗灾性能差,发生火灾容易形成殃及多户的大火。加之农村火灾地点相对偏僻,距离公安消防站(队)较远,而且通往火场道路崎岖,消防水源不足,公安消防部队难以承担起及时扑救火灾和保护火灾中人员生命安全的重任。当前应对农村火灾,主要还是依靠农民群众自己的力量,临时地使用一些简易工具和原始方法扑救火灾。

一、直接原因

每一起火灾,总有其发生的原因。火灾直接原因,即一起火灾发生的起因。从全国近几年农村火灾发生统计情况来看,用火不慎、电气、玩火、吸烟是引发火灾的主要原因,其中用火不慎占火灾总数的 37.6%;电气引起火灾占火灾总数的 29.1%;小孩玩火和燃放烟花爆竹引起火灾占火灾总数的 13.4%,吸烟引起火灾占火灾总数的 9.2%。从火灾的分布来看,火灾主要集中在农村村民住宅与集市商业网点,分别占火灾总数的 68.7% 和 23.4%,起火物主要是房前屋后的露天柴草堆垛以及家中存放的农副产品。

二、潜在原因

看问题要看本质,火灾潜在原因,虽是火灾发生的间接原因,但其中很多是起火后最终成灾的根本原因。归纳起来,农村火灾高发的潜在原因主要有以下十个方面:

(一)建筑道路布置无规划

我国现行法规中对城镇规划有明确具体的规定,但涉及农村规划的很少,形成了农村随意建房,建筑相互毗邻、民房布局密集且混乱等情况。目前,全国95%的乡镇未编制消防规划,很多村寨距城镇较远,道路狭窄消防车无法通行,村寨内没有消防通道,民房之间没有防火间距等。如2007年1月26日凌晨1时30分,广东省东莞市大岭山镇一废旧塑料回收加工家庭小作坊因电线短路发生火灾,造成13人死亡,5人轻伤。此次火灾过火面积不到300平方米,但由于该作坊位于一偏僻的山脚下,消防车辆进出十分不便,附近没有任何公共消防设施,而且该小作坊二楼只设有一个楼道,加上二楼宿舍的窗户全部用防盗网封死,导致里面被困人员无法逃脱。

(二)建筑构件耐火性能低

在我国农村尤其是边远山区农村,农民受地方经济和农村资源限制,建造房屋时多就近、就地取材,建筑多以竹木结构、砖木结构为主,除少数新建的建筑采用砖混结构外,很多边远村寨的民房、牲畜棚舍等建筑物耐火性能普遍较低。

(三)电气线路敷设问题多

农村专业电工人数较少,很多电气线路敷设都是懂得一点电气常识的人"无证上岗"完成的。电气线路常常选择价格低廉、安全系数不高的导线,加之有的电线裸露在户外长时间经受风吹雨打日晒,平时少有保养和更换,老化情况严重。在家用电器不断增多的情况下,农民家中违规乱拉乱接电线和超负荷用电现象突出。

(四)燃气使用操作不规范

现在,很多农民家庭烧水做饭用上了液化石油气或沼气,一些乡镇还接通了天然气管道。但因对科学正确使用燃气知识掌握不够,对燃气的火灾危险性认识不足,不能做到安全使用,往往由于操作不当、疏忽大意等原因,引起燃烧甚至爆炸事故。

(五)消防安全意识跟不上

长期以来,我国在消防宣传教育方面存在"重城市,轻农村"现象,特别是政府部门对农村消防宣传工作认识不足,没有把农村消防宣传教育纳入工作和议事日程。很多乡村管理人员在日常管理中没有树立消防法治观念,很少组织开展正常的消防安全宣传教育和培训工作,造成农村居民在防火减灾方面缺乏有效引导,消防安全意识长期得不到有效提高,忽视消防安全的现象较为普遍,90%以上的火灾系人为造成,甚至有些直接源于放火案件。

(六)消防安全管理不到位

由于消防安全意识不高,对火灾的危害认识不足或存有侥幸思想,生产生活用火用电过程中缺乏明确的操作规程与管理规定;伪劣电器、灶具等不合格产品充斥市场,构成安全隐患;一些地方存在野外烧荒、焚香烧纸、乱扔烟头、小孩玩火等违章用火现象,长期无人管理过问。

(七)消防基础设施欠账多

农村经济总体欠发达,消防投入普遍不足,截至目前,全国仍有 600 多个县(市、旗)未建立公安消防队站,97%的村庄消防安全经费投入是"空白",90%以上的村庄缺乏消防水源,没有配备消防手抬泵等基本消防设施。同时,我国农村的民房建筑基本没有火灾自动报警、火灾自动灭火和消火栓系统,很多农村甚至连基本的灭火器都没有配置,导致不能有效地发现和控制初期火灾。

(八)消防保障力量无建制

据相关部门调查报告称,全国 3.4 万多个乡镇中,90%以上没有专业消防力量;全国 62 万个行政村、257 万多个自然村中,95%以上没有消防力量。许多火灾因得不到及时、有效的扑救,导致火灾蔓延、危害扩大。一些地区的农村由于地少人多,村里的青壮年劳动力很多都在农闲时或整年在外打工,留守在家中的多半为老人和儿童,由于留守人员对火灾的反应迟缓,对火势的控制更为被动,导致农村火灾更容易小火酿成大灾。

(九)消防水源供给无保障

在农村一些地区,能够直接用来灭火的消防水源较为紧缺,一般只能利用各家各户自己水缸的少量蓄水。对于一场猛烈的大火而言,就相当于"杯水车薪"。特别是山区及干旱地区,人畜饮水都不能满足,更无法保障足够的消防用水。由于水源储备不足,灭火设施欠缺,导致很多农村火灾因为自救不及时,从小火变成大火。

此外,一些乡村道路崎岖难行,即使有天然水源,火灾时消防车取水效率不高,难以保证火灾扑救的消防用水需要。

(十)防火灭火方法不科学

农村火灾预防和扑救主要依靠村民自己,大部分村民没有接受专业的消防安全知识培训,没有经过正规的消防技能训练,扑救能力不强,不能正确用火、科学防火、有效灭火,面对火情,不知从何下手,或临时仓促寻找水源慌乱处置,常常眼看着火势发展变大烧毁整座房屋和全部财产。有时现场人员少,发现火情只能冒险抢救一点财物,根本顾不上灭火。

农村火灾特点

万事万物都有其生成和发展的规律。农村火灾发生比例高,不仅直接威胁广大农民群众的生命财产安全,还严重影响了农村经济的发展和社会的安定。因此有必要认真分析农村火灾发生的规律与特点,进而对症下药,采取正确的措施,从源头上遏制和减少农村火灾的危害。

一、火灾规律

(一)成灾规律

人为因素是农村火灾发生的主要原因。在农村生产、生活中,由于人们不注意安全,麻痹大意或存在侥幸心理,生活用火、用电、用气、用油不慎,违反电气安装使用规定,违章作业,吸烟、玩火、放火、燃放烟花爆竹等人为因素引发的火灾约占火灾总数的90%。其他致灾因素主要有电气与机械故障、物资自燃、飞火以及自然灾害(如地震、风灾、雷击等)。

（二）季节规律

我国地域广阔，各地经济发展、风土人情有所差异，但就火灾随季节的变换而变化而言，有着基本共同的规律：冬季（12~次年2月）火灾起数最多，夏季（6~8月）火灾起数最少。农村火灾主要发生在冬春两季。冬春季风大物燥，大部分房屋周围堆满柴草等可燃物，火险等级高，特别是冬季用火用电量增加，容易发生火灾。火灾统计资料显示，我国农村冬季火灾高发，尤以2月份火灾最多，由于春节燃放烟花爆竹及生产生活尤其是取暖用火用电增多，导致火灾频发。另外，清明前后主要是广大农民进行烧荒垦地、烧纸祭祖现象多，再加上有较多的大风天气，如果防火意识较差，不能够妥善地保护和清理火种，便为火灾的发生留下了隐患。

（三）时间规律

从时间上来看，火灾主要发生在中午11~12时、下午5~6时，这些都属于大人外出未归、小孩放学时玩火、生火做饭和休息的时间段，人们劳累后最容易在这时麻痹大意，发生火灾后多半会迅速蔓延。还有不少火灾发生在夜间，由于火灾发现晚，消防设施器材少，扑救不及时，易造成人员伤亡。从亡人火灾发生时段分布情况看，晚上8时至次日凌晨6时，火灾次数明显多于其他时段，尤其是夜里10时以后至午夜，人员安全防范能力最为薄弱，是亡人火灾高发的时段。

（四）部位规律

农村火灾多发生在柴草堆垛和耐火等级低的建筑。这些可燃物在遇到火源时极易被引燃并蔓延成灾，特别是在大风天气里，火灾更是频频发生。如2012年4月22日至23日12时，新疆吐鲁番地区遭遇大风天气，全区共发生火灾17起，造成175户居民受灾，1人死亡，750余头牲畜死亡，经济损失4700余万元。一些地区建筑结构耐火等级普遍较低，房屋建筑密度大，加之屋前房后存放大量的柴草等可燃物，是火灾多发性场所。

二、火灾特点

我国农村地域广阔，有着不同的地貌特征，人口密度、环境条件以及经济发展程度也不尽相同，但通过对大量农村火灾案例的统计分析，可以发现农村火灾具有以下共性特点。

（一）火势蔓延速度快

一些地方特别是经济欠发达地区，由于受自然条件、地理环境、经济条件的限制，房屋建设总体无规划，无防火设计，建房随意性大，住宅砖瓦结构较少，大多房屋建筑耐火等级低，多系土木、砖木、石木结构，大量使用木材、板皮、油毡等可燃材料搭建而成，并且房前屋后大多堆有柴草，造成室内外可燃物相连，一旦发生火灾，容易蔓延扩大。

（二）火灾施救难度大

随着经济的发展和人民生活条件的改善，农民普遍用上了自来水，过去遍布各地的水池、水塘和水沟等由于年久失修，蓄水量日益减少，有的干脆被填平为农田。虽然少数村镇在安装自来水时考虑了消防问题，安装了消火栓，但往往用水量、水压都明显不足。

同时，由于农村民房之间的建筑间距小，有的多户连接在一起，发生火灾后，火势容易蔓延造成多户受灾。一旦建筑燃烧时间长，房屋的主体结构易发生破坏，易出现倒塌、落顶等危险，人员进入火场抢救财物和灭火危险性大。

（三）火灾报警不及时

由于通信条件相对较差，在家里的多为老人，发现火情比较晚，一些村民遇有火灾时，由于惊吓或急于救人救火而不及时报警，先是自己扑救，等到火灾无法控制时才想到报警。报警时心情过度紧张，由于方言等原因对起火地点、火灾性质、消防车行进路线说不清楚，这样延误了消防部队出动时间，造成火势一时无法控制，导致灾害损失加大。

（四）灭火力量跟不上

部分乡村无义务消防组织，除家用水桶、水盆外无任何灭火设施，且大部分青壮年外出打工，家中只有留守的老人和小孩，虽有人却无力及时扑灭初起火灾。等消防部队赶到一般要等候较长时间，已经错过了最佳扑救时间，大部分都是到场清除余火。

（五）灭火处置效率低

发生火灾后，当地居民普遍缺乏消防知识，无救火经验，不知道该如何处理初起火灾，手忙脚乱，不能统一行动相互协调灭火，往往难以将火灾在初期阶段扑灭。而等消防车到场后，由于居民不懂灭火的相关知识，又想尽快地配合消防队开展灭火工作，结果适得其反，造成现场秩序混乱，甚至会发生争抢水带和水枪灭火的情况，影响灭火工作的正常开展。

（六）灭火救援易延误

农村火灾现场大多路途远，道路狭窄崎岖，潜在危险多，民房一旦发生火灾，消防部队无法在短时间、近距离赶赴现场扑救，往往错过了扑救初起火灾的最佳时机，到达火灾现场时，火灾多已蔓延开来，形成猛烈燃烧甚至临近熄灭阶段。目前全国还有少数村庄根本就没有供消防车行驶的道路，车辆进不去，导致消防员无法顺利抵达火场展开灭火救援行动。

农村消防宣传

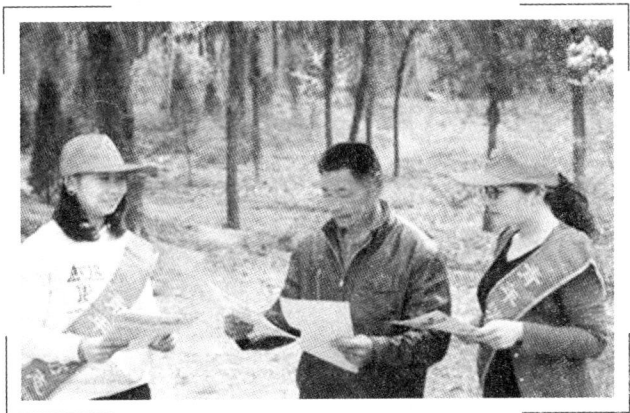

　　"消防工作,宣传教育系于一半"。现阶段,农村广大地区的社会经济发展仍然滞后于城镇,农村消防宣传工作受众多因素制约,进展缓慢、宣传盲区多,农民群众消防安全意识不足,自防自救能力低下,火灾事故多发的状况短时间内很难得到根本扭转。

　　一、消防宣传的问题与不足

　　当前,农村消防宣传工作中的不足主要存在于四大方面:一是受到农村地域辽阔、人员分散的制约,宣传工作不便开展;二是基层组织和农村群众对消防安全认识不足、重视不够的制约,宣传工作得不到应有的支持和响应;三是基层宣传组织不健全,存在宣传力量上的制约,消防宣传缺乏组织性、计划性;四是宣传教育投入严重不足,存在宣传资源不足和经费保障的制约,宣传工作无法深入持久开展。

　　二、消防宣传的形式与方法

　　农村各乡镇要根据本地火灾规律与特点,从普及消防常识、提高农村群众的消防素质入手,要始终把加强农村消防安全教育、提升村民消防安全素质纳入新农村消防工作建设的重要位置。

　　在形式上,可以结合"三下乡""科普宣传""消防宣传五进"等活动,在广播、电视、网络等各类新闻媒体开辟专栏、专版,进行长期、广泛、深入的消防宣传教育活动;利用学校和村委会两个消防宣传阵地,通过以会代训、发放消防传单资料、开设消防宣传栏、悬挂张贴消防宣传标语与宣传画、举办消防知识讲座、发送消防警示信息、放映消防题材电影、编排表演消防文艺节目等形式,寓教于乐,潜移默化地宣传普及消防知识与法律法规,确保消防宣传不走形式、不留死角,从而真正把消防宣传的触角延伸到乡镇农村每个角落,让消防理念深入人心、消防知识家喻户晓。

在方法上,农村消防宣传也要与时俱进,做到由点到面,从一般到重点,联系实际,讲求实效,着重抓好"四个结合":

1. 点、面结合。将农村家庭防火与面向单位、学校及公众的社会火灾防控相结合抓好宣传。

2. 学、练结合。将普及消防法律以及防火、灭火、疏散逃生等书本知识与开展演练、提高消防技能相结合开展宣传。

3. 平、殊结合。将平常性防火与重点季节、重大节日以及重要活动等特殊时段防火相结合开展宣传。

4. 正、反结合。适时推广典型经验,宣传防火灭火工作中的先进事迹,公开曝光突出的火险隐患与消防违法行为。

三、消防宣传的任务与要求

(一)学校应依法大力抓好消防宣传教育

在学校开展消防安全知识宣传,不仅使学生了解到消防安全知识,更重要的是,通过学生可以把消防知识带到每一个家庭。以"小手牵大手",形成学生、家庭、社会三位一体的消防宣传格局,实现教育一个孩子,带动一个家庭,辐射整个社会的目标,从根本上有效地解决广大农村消防宣传活动组织难的问题。

(二)基层组织应充分发挥消防宣传职能

利用基层派出所、村委会身处基层,与群众距离近,接触面广的优势,切实转变观念,在农村消防管理方面变被动为主动,把农村消防工作作为自己的一项日常工作来抓,与其他工作同步计划开展。

(三)家庭成员应学习掌握消防基本知识

在日常的生活中,所有人都应积极主动学习消防知识,主要学习家庭火灾隐患的排查、简单火灾的扑救方法、正确的逃生自救等常识。在日常的生活中,家庭主要成员应定期对可能存在的火灾隐患进行排查。主要对疏散通道、疏散门、电线、电器厨房燃气用具、水源、道路与物资存放等情况以及用火、用电、用油、用气等行为进行检查与规范,最大限度减少引发火灾的因素。

（四）家长应加强对孩子的防火教育和监护

　　小孩子天真烂漫又年幼无知,有强烈的求知欲和好奇心,对火焰和火光总感到新奇。他们有的模仿大人生火做饭,有的在稻草堆旁做玩火游戏;有的点着火钻到床底下照明找东西;有的好玩弄火柴、打火机,所有这些行为,都极易引起火灾。据统计,小孩玩火在所有居民家庭火灾中占到5%左右,在农村中比例还要高些。玩火的小孩多数在3~10岁,其中5~6岁最多。他们一般是托儿所、幼儿园、小学低年级的学生,玩火的时间常在暑寒假期间,又多在大人不易发现的地方玩火。一旦玩火引起火势扩大,他们不知所措,往往惊慌逃跑,所以很易酿成火灾。有的小孩见到起火时,常常躲藏起来,得不到及时抢救而丧生。近年来,类似小孩玩火、防火引发的悲剧事件频发。如2013年1月,河南兰考县居民的袁某住宅发生火灾,事故造成袁某收养的7名儿童死亡;2015年2月惠东县义乌商品城的火灾事故造成17人死亡,1名消防人员受重伤;2015年3月22日,大连市金州新区大黑山发生山火,共造成5名登山者死亡。以上三起火灾经调查起火原因均为儿童玩火所致。

　　家庭、学校和社会都应对孩子进行自下而上的教育,且多以最直观、最易于接受的方式告诉孩子能做什么、不能做什么。防止小孩玩火引发事故要靠教育为主、疏堵结合的方法,这里给大家推荐的是有关专家提出的"教、防、戒"三字法则。

　　一是"教"。学校要加强对小孩的宣传教育,使他们认识到防火的重要性。把教育小孩不要玩火列入基本课程,小学课本要编入基本的消防知识,并组织少年儿童参观消防队,观看防火教育影片等。社会有关部门和单位应当创造条件,多创办一些少年儿童活动场所,并集中对少年儿童进行教育管理。

　　二是"防"。成年人尤其是家长平时要做到"防"字当头,将火柴、打火机等"火种"看管好,或是放在小孩拿不到的地方;节日期间,不要让小孩随意私带、乱扔、乱放烟花、爆竹。即便要燃放,必须有大人监护,且严禁在仓库、堆放有可燃物的地方燃放。另外,还要教育小孩不能碰电器,防止产生电火引发火灾等等。

　　三是"戒"。家长和老师都要经常明令禁止不可玩火,告诉他们私自玩火就会受到惩戒。比如一个礼拜不准玩电脑游戏、看少儿节目,或是减少零用钱等。当然,当孩子持续一段时间,没有再出现玩火行为时,也别忘了给予赞美和鼓励。

农村消防管理

　　良好的秩序和局面一般都来自于严格规范的管理。面对农村消防工作的严峻形势,地方各级政府及有关职能部门应紧紧抓住社会主义新农村建设的有利契机,结合村庄建设和整治,在科学编制新农村消防规划,认真抓好村庄消防设施配套的同时,建立健全农村消防管理网络,实施法制化、精细化、网格化消防管理,彻底改变农村消防工作的被动局面,最大限度地减少火灾的危害。

一、消防管理的不足之处

　　目前,我国农村消防安全管理中存在着诸多不足,主要表现在以下几个方面:

　　1. 民众消防觉悟不高,火灾防范意识淡薄,自我管理能力不强,预防火灾、扑救火灾技能难以适应消防安全的需要。

　　2. 缺乏指导性管理方案和规定,村镇农房建设耐火性能差,建筑防火间距不足,消防车通道不能保障,发生火灾后易造成火势大片蔓延的情况。

　　3. 消防安全管理缺失,尤其是用火用电管理不到位,往往因炉灶设置不合理、烟囱设置不当、用火用电不慎、乱拉电线、乱接电器引发火灾。

　　4. 应急管理未做到常态化,灭火应急准备不足。农村消防站数量严重不足,现有公安消防站基本设在县级以上城镇,保护半径过大,而政府建立的其他形式消防站站点少,由于人员、经费保障等原因,执勤运行多不正常,发生火灾得不到及时扑救。尤其是消防水源不足,消防车取水困难,延误灭火时机,易导致火灾蔓延。

5. 政府在社会秩序管理中的调解、监管机制不健全,各类纠纷导致的放火案件时有发生。如2012年12月4日15时30分,广东省汕头市潮南区陈店镇新西乡一内衣厂发生火灾,造成14人死亡,1人重伤。死者均为18～20岁的花季少女。据警方调查,火灾系人为纵火造成。

二、加强消防管理的措施

消防工作事关改革、发展、稳定的大局,事关广大人民群众的切身利益。农村各乡镇党委、政府要认真落实消防安全责任制,从农村现行管理体制、生产生活现状和发展要求出发,将农村消防建设纳入政府消防工作责任制的重要内容,层层签订责任书,督促、统筹、指导农村消防建设发展,建立消防安全管理新机制,完善农村消防工作措施,积极构建新型的农村消防安全管理机制和消防安全责任体系,严格实行火灾事故倒查责任制,对于出现的较大以上火灾责任事故,严格追究相关责任人的责任。

当前,全国农村正在广泛推行的消防安全"网格化"管理,其基本模式是:将整个乡镇的辖区划分为大网格,以行政村、社区为基本单位划分为中网格,以农村主要居民村组并以辖区所有单位为节点,划分出若干个责任片区为小网格;大网格由乡镇政府和公安派出所组织实施,工商所、联防队等基层组织按职能配合,形成合力;中网格由乡镇办事处党政领导、派出所民警和公职人员分包,村委会具体组织实施;小网格由派出所民警、村两委干部、联防队员、退休老干部和享受低保人员等组成,分组对小网格内所有的加工企业、商铺、出租屋和民宅进行定期或不定期检查,并组织对网格内的民众开展消防宣传教育。加强农村消防管理,具体应做到:

(一)建立健全基层消防组织

充分发挥各级政府职能,进一步加大消防工作力度,把消防工作作为评估各级政府工作和考核各级领导政绩的重要内容之一。建立组织,充实人员,并层层签订责任状,全面落实消防目标责任制,拟定消防工作综合考评办法,并同经济利益挂钩,奖惩兑现,做到一级抓一级,层层抓落实。

(二)广泛开展防火宣传教育

在治理农村火灾工作中,各级党委、政府和公安消防部门树立"宣传先行"的思想,注意宣传质量,积极与报刊、广播电视等新闻单位密切配合,广泛宣传国家消防法规、乡规民约以及防火灭火基本知识。根据不同民族与地区特点,充分利用报刊、广播电视、网络、宣传栏、宣传资料等多渠道、多形式地开展防火宣传,力争做到防火安全要求家喻户晓,消防基本常识人人皆知。

(三)制定落实消防管理制度

各级政府在认真贯彻执行国家有关消防法规、规定的同时,注重引导,加以完善,发动群众自己管理自己。完善生产生活用火用电制度、安全检查制度、环境卫生制度、日夜值班巡逻制度、柴草堆放制度、消防奖惩制度等,规范用火用电行为。逐步消除农村存在比较严重的乱搭乱建、结构布局不合理、建筑设计先天不足等火灾隐患。

(四)建立多种形式消防队伍

乡镇设置消防安全委员会,各村设立防火领导小组,制定村民防火公约,大力发展多种形式的消防队伍,村村都建立1~2个有统一组织领导、人员分工明确、配有消防机动泵等器材装备的义务消防队,并以乡镇所在地为重点,经常开展训练和灭火演练,提高灭火战斗力。同时,义务消防队还经常开展消防安全检查,督促落实家庭防火措施,家家户户配备消防桶、消防缸等灭火工具,学习掌握灭火基本方法。

(五)强化日常消防监督管理

政府和以公安派出所为主的公安消防监督机构,对农村消防工作应有长远规划的统筹安排,在认真调查研究基础上,出台消防安全管理标准,拟定农村消防工作的具体要求,深入开展经常性的消防检查活动,督促村民加强防火自检自查,改善消防安全环境。特别在每年的"春节""元旦""元宵节"等各种节日期间开展好消防安全排查整治,限期整改火灾隐患,确保万无一失。

第二章 房屋建筑防火

住宅建筑防火

　　我国是一个多民族国家,农村幅员辽阔,住宅形式随不同地域气候和生活方式而异,具有明显的地方特点和民族风格,例如傣族、景颇族,采用干阑式住宅(一种下部架空的住宅,它具有通风、防潮、防盗、防兽等优点);蒙古、哈萨克等民族,采用帐幕式住宅;黄河流域中部黄土地带广泛采用窑洞住宅;闽南分布许多极富特色的客家土楼;藏、羌族则习用石墙木梁建筑。即使以砖木结构体系为主的汉族住宅,从北到南,为了适应气候条件差异,变化也很大。在消防安全方面,农村住宅与城市居住建筑相比,带有共性的问题是耐火等级低,致灾因素多,公共消防设施匮乏,总体抗御火灾能力差,一旦发生火灾,容易造成较大损失。

一、住宅建筑的火灾危险性

（一）建筑耐火性能低

大多数区县村镇居民住房建筑多采用砖混、砖木结构，且建筑房屋布局密集，结构简单，耐火等级普遍较低。许多村民还在房前屋后、庭院、过道堆放大量木料、柴草等可燃物，加大了火灾荷载，一旦发生火灾，往往火势蔓延迅猛，局面失控。有些村民居住的砖木结构的建筑，整个建筑除屋面盖瓦及主体结构不能燃烧以外，其余都是可燃的。随着时间推移，建筑构件干燥，遇火即燃，顷刻间化为灰烬。

（二）建筑结构不合理

各建筑之间间距较小，道路狭窄，水源紧缺，并且农村院内和房屋周围堆放了大量木料和柴草，当发生火灾时，助长火势的发展蔓延；消防执勤人员到达后，因道路狭窄，无法接近火场而错过控制火势的最佳时机；由于大量柴草的"助燃"作用加快了火势的蔓延速度，再加上群众在火势初起阶段处理不及时，导致火灾的发展蔓延趋势，增大了火灾的扑救难度，造成了一定的财产损失和人员伤亡。

（三）电气敷设不规范

建筑内的电气线路敷设往往根据需要随意拉接，有的沿着木质结构敷设，有的不穿阻燃管敷设，有的铜线、铝线混接，有的电源插座等直接设置在木质等可燃结构上，有的甚至用铁丝、铜丝替代保险丝，还有的线路布设在长期潮湿或高温的环境中等等，都是容易引发火灾事故的电气火灾隐患，一旦出现漏电、短路、接触不良等电气故障，火灾发生在所难免。

二、住宅建筑的防火措施

（一）提高建筑的耐火性能

居住建筑的建设应有一定的规划方案，既要考虑近期建设的规模，又应考虑今后的发展，为保障长期消防安全创造有利条件。在工程建设中应引导村民尽量采用不燃、难燃性的建筑防火材料，同时要禁止使用可燃材料乱搭乱建，并逐步拆除易燃结构建筑，不断提高乡镇农村各类建筑的耐火等级，限制以可燃结构为主的三级耐火等级及其以下建筑的发展。

（二）保持合理的防火间距

防火间距是指建筑单体之间的防火分隔空间，具有防止火势沿可燃物延烧以及火灾中热辐射、飞火扩大火灾的作用。在多座建筑设置一定的防火间距，是建筑防火规范中防止火灾蔓延的重要措施，如居住建筑之间的防火间距一般不应小于6米；生产建筑与居住建筑之间的防火间距，应按生产建筑的防火间距确定，一般不应小于10米。

（三）远离易燃易爆危险场所

无论是城镇还是乡村,在规划建设中应坚持合理分区的原则,在总体布局上宜明确划定住宅、公共建筑、文化教育、商业和仓库等功能性分区。易燃易爆的工厂、仓库以及鞭炮作坊等,严禁布置在居住建筑的区域内,现有的必须限期迁出或改变为非易燃易爆物资的生产、储存。同时,易燃易爆性质的液体贮罐及罐区,应单独布置在村镇常年主导风向的下风或侧风方向及地势较低的地带,防止火灾爆炸事故波及居住的住宅建筑。

（四）合理规划设置消防通道

道路建设应纳入新农村建设的总体规划,规模较大的村镇新建和改建的主要干道的宽度宜为16~25米;小城镇街区道路之间的间距不宜大于160米,其宽度不应小于3.5米;狭窄的道路要拓宽,弯曲易阻塞的道路应取直。主干道路还必须与外界交通道路连通,有条件的应设置环形交通道路。

（五）设计建设消防给水设施

在村镇规划建设、改造中,以及兴建规模较大的乡镇企业、公共建筑时应结合修建生活、生产给水设施,同时设计足够的消防用水量。要充分利用江河、湖泊等天然水源,设置消防车道与取水平台,并结合农用水利设施,利用水渠、水井、水池等作为应急消防水源,在有条件的村镇应结合自来水供水管网的建设安装消火栓。

（六）家庭装修采取防火措施

在家庭装修中,应充分考虑防火安全,并采取以下措施:

1. 在选购家庭装修材料时,应选用质量合格的产品,特别是跟电气有关的产品一定要选用国家质量认证的产品。

2. 卧室及厨房是火灾中危险性最大的部位,因此,应选用不燃或难燃的装修材料。

3. 电气设备应按电气安装规范进行施工,对可燃物上的电气线路应采用穿塑料阻燃管或金属管敷设。

4. 不得破坏建筑内部防火分隔、安全疏散、燃气供给等设施,装设防盗网的应预先设置逃生口。

5. 油漆房间、家具时可能有可燃气体在室内聚集,所以应防止发生爆燃,严禁使用明火。

养老建筑防火

我国目前的养老机构一般由民政局、街道、国有企业或社会资金筹办运营。养老机构的类型可分为传统敬老院、福利院、自费养老院、新型老年公寓和护理养老型医院等。

一、养老建筑的消防现状

我国现已进入人口老年化的阶段,目前全国 60 岁以上老年人口已超过 2 亿,其中超过 1 亿老年人生活在农村。未来每年有 3% 的人口进入老年人行列,老龄化高峰将在 10~20 年后来临。到本世纪中叶,每 3 个中国人中就会有 1 位老人。老年人问题影响到社会的各个方面,涉及千家万户,如何从根本上解决养老问题,已成为我国当今社会需要解决的重大课题。

养老建筑的消防安全问题是当前摆在养老保障事业中的重要问题之一,养老场所的亡人火灾在全国已经发生多例。如 2015 年 5 月 25 日 20 时左右,河南省鲁山县城西琴台办事处三里河村的一个老年康复中心发生火灾,致 38 人死亡,2 人重伤,4 人轻伤。就在这起火灾之后,安徽省某市民政、安监、住建、供电、消防等部门联合对全市 120 余家敬老院、养老院、福利院的检查发现,消防安全不合格率为 100%,主要火灾隐患为建筑使用可燃材料建设、消防水源缺乏、消防车道不畅通、未设置火灾自动报警、自动喷水灭火系统、未制定消防安全预案并组织演练等。事实上,这些问题在全国各地具有一定的普遍性。

二、养老建筑的火灾危险性

依照《老年人建筑设计规范》,将60周岁及以上的人口年龄段确定为老龄阶段。老人按照其生活行为能力可分为三类:自理老人(生活行为完全自理,不依赖他人帮助的老年人);介助老人(生活行为依赖他人帮助的老年人);介护老人(生活行为依赖他人护理的老年人)。老年人随着年龄的增大,其视力、听力、行动能力比青壮年时期下降,大多数老年人需要借助花镜、助听器、拐杖、轮椅等工具和器械生活,养老建筑对消防安全保障要求比一般场所更高。养老建筑的火灾危险性主要体现在以下三个方面:

1. 安全疏散难。这是养老建筑的特点决定的:一是人员集中,属于人员密集场所,需疏散人员多;二是内部多是行动迟缓或需要他人帮助、护理的老人,自救能力弱;三是发生火灾时,人员疏散需要较长的时间,一旦走廊、楼梯间充满烟气,就会严重影响疏散行动,易造成人员伤亡。

2. 火灾隐患多。大部分老年公寓都有餐饮、娱乐、医疗服务设施,老年人很多都有吸烟的习惯,有些老年人由于吃不惯食堂的饭菜,常常自备电炉或小型柴油灶,冬季有人点炉子取暖,夏季有人点蚊香驱蚊,这都增加了致灾因素。

3. 救援难度大。老年公寓等养老建筑除自理老人外,介助老人和介护老人在火灾情况下都需要他人帮助才能安全疏散,而火灾时即使有电梯也不能使用,只能通过步梯疏散,这就需要大量救助人员,因而增加了救援难度。

三、养老建筑的消防安全要求

(一)建筑设置要求

1. 位置宜交通方便,不宜闭塞。老年人的疏散能力、自我保护能力相对较弱,遇到火灾等突发情况,需要消防和医护人员在第一时间赶到现场实施灭火救援和救治。有条件的可选择距离医院、消防队较近地点建造。

2. 房屋宜独立建设,不宜混用。周围建筑密度不宜过大,不宜改建或设在其他建筑内。独立建造的老年公寓四周宜设置环形消防车道,方便消防车停靠,对疏散、救援行动不便的被困老人有利。有一部分养老建筑由居民住宅改建,或者设置在商住楼等建筑内,这样增加了火灾危险性,也不符合消防安全要求。当必须设置在其他建筑内时,应设置独立的安全出口,与其他部位做好防火分隔。

3. 结构宜单层或多层,不宜高层。老年人的特点是行为能力弱,常需要他人帮助或自己借助工具。因此,我国相关建筑规范规定老年人建筑层数宜为三层及三层以下,四层及四层以上应设电梯,且不应设置在地下、半地下建筑内。从消防安全角度讲,层数越高,火灾情况下越不利安全疏散。

4. 防火分区宜小间,不宜过大。根据"老年人居住建筑设计标准",老年人居住建筑的最低面积标准为每人 25 平方米,而消防规范规定的最大防火分区面积是 2500 平方米,照此计算,每个防火分区最高在火灾时要紧急疏散 100 名老人,难度之大可想而知。因此,应增加建筑防火分隔,缩小单个防火分区面积,以利火灾时更好阻止火势蔓延,为逃生和救援争取时间。

(二)室内装修要求

老年公寓的内部装修材料应采用不燃、难燃材料,最大限度地降低建筑内可燃物的总量。尽量避免采用燃烧时产生大量浓烟和有毒气体的材料,如选用阻燃电线电缆、以金属椅凳代替海绵沙发等,严禁使用泡沫材料搭建房屋和室内隔间。

(三)安全疏散要求

养老建筑楼梯、走道及安全出口设置符合相关规范要求,公用走廊的有效宽度不应小于 1.5 米,公用楼梯的有效宽度不应小于 1.2 米,不宜设置旋转楼梯,不应设成垂直梯。疏散走道尽量设置环形走道和外廊,一般应有两条以上的疏散线路。每一间老人居室应有门通向外廊或相连的外阳台,便于应急疏散与消防救援。

(四)消防设施要求

厨房内应选用安全型灶具。使用燃气灶时,应安装熄火自动关闭燃气的装置。以燃气为燃料的厨房、公用厨房,应设燃气泄漏报警装置。

养老建筑应设置火灾自动报警系统,建筑面积超过 500 平方米的还应设置自动喷水灭火系统。通过报警系统,第一时间发现火灾,启动自动灭火系统和警报装置,及时疏散。规模较大的建筑应设置消防控制中心,安排专人值班,及时处置火灾等突发事件,为救助赢得时间。

配备特殊的消防逃生设施,如在每个房间配备简易防烟面罩、手电筒、保险绳等,从而帮助老人在紧急、危险情况下能够及时得到救助和帮助逃生。

(五)日常消防管理要求

1. 防火检查。敬老院、养老院要落实消防安全责任,加强日常消防安全管理,开展防火检查和巡查,定期组织员工进行培训,具备扑救初起火灾和组织人员疏散逃生的能力,应定期组织开展疏散演练,有自理能力的老人应掌握必要逃生自救知识。

2. 消防教育。要向老年人告知正确用火、用电方法,教育其不要随处乱扔烟头和卧床吸烟。

3. 安全用电。夏季炎热,是用电高峰,敬老院、养老院尤其要注意加大对电线线路、电器的检查维修,防止线路老化和超负荷用电,以免造成电器线路火灾事故。

4. 制定预案。预案应包括火灾报警、灭火、安全疏散等内容。特别是年老体弱、卧病在床、没有自理能力的老人要重点进行援救和疏散引导,人员较多的养老场所应为行动不便老人设置专门的疏散逃生路线,制定切实可行的应急疏散预案。

5. 组织演练。定期组织演练,假定发生火灾事故,及时拨打"119"报警电话,利用灭火设施和器材进行灭火自救,同时组织员工迅速对全体人员进行紧急疏散,并及时清点人数。疏散过程中要注意尽可能分散人流,避免大量人员涌向一个出口,造成人员踩踏。通道被烟雾封阻时,工作人员要及时给被困老人传递湿毛巾、湿布条等物品,用于捂口鼻滤毒降温。

学校建筑防火

一、学校建筑的火灾危险性

农村中小学校是人员密集型的场所之一,是学生的聚集地点,因而是防火工作的重点,尤其是寄宿制学校,一旦发生火灾极易造成亡人伤人事故甚至群死群伤事故,危害十分严重。如1997年5月23日凌晨3时许,云南省富宁县洞波乡中心学校学生侯某在床上蚊帐内点蜡烛看书,不慎碰倒蜡烛引燃蚊帐和衣物引起火灾,造成 21 名学生死亡。

（一）部分建筑消防安全条件差

早期建设的中、小学校校舍，有的采用砖木结构，耐火等级低，消防通道不畅，防火间距不足，防火分隔设施和消防设施欠缺，电气线路陈旧老化。

（二）特殊功能建筑内可燃物多

如视听教室的演播室内所用的吸音材料不少是可燃材料，并且安装了碘钨灯和聚光灯照明设备；维修间用火用电多，同时还经常使用易燃液体。实验室内贮有一定量的易燃易爆化学危险品，如使用和保管不当，极易引发火灾。另外，在实验进程中常使用明火进行加热蒸馏、回流等实验操作，以及使用电热仪器时用电量过大等都可能出现危险。

（三）电气火灾隐患较为突出

有的中小学校建筑使用年限较长，而电力设施是按建造时的用电状况来设计和配备的，随着各种电器和多媒体教学的应用，用电量大幅增加，而电力增容跟不上，电线和电力设施经常处于超负荷状态运行，大大超过了当初设计的承受能力，极易发生电气火灾。

（四）学生宿舍违规用火用电

有的学生宿舍违规用电，乱拉乱接电线，有的使用电热器具，比如电炉、电热杯等，非常容易引起电气故障；有的使用煤油炉、酒精炉，还有的采用明火取暖、照明等等，均容易引起火灾。

（五）消防设施器材损毁或短缺

由于意识问题或经费保障不足，有的中小学校在消防设施配备上往往存在缺失现象，一些已经配备的消防设施、器材也因维护保养不及时，难以发挥其应有的效能。如缺少消防水源、没有配备灭火器、室内消火栓箱内缺少水枪、水带等配套器材等，在这种情况下，一旦遇到火情难以实现自救，贻误战机，极易失去控制酿成灾害。

（六）人员安全疏散难度大

中、小学校人员密集，作息时间统一，教室与宿舍人员集中，紧急疏散时走道和楼梯会出现拥挤状况。有些中小学校从防盗的角度出发，违章关闭消防安全出口或在窗户上安装金属防护栅栏，只留有一个安全出口用于日常进出，更有甚者，晚上将宿舍大门上锁，学生们成了"笼中之鸟"，一旦发生火灾，疏散难度大，容易造成人员伤亡。

二、学校建筑的防火措施

（一）教室防火

教室是学校教学的主阵地，师生集中，活动时间长，特别是一些老校舍，其建筑耐火性能较低,防火工作不可忽视。

1. 教室不应使用易燃可燃材料装饰装修。

2. 严禁携带火柴、打火机等火种以及汽油、爆竹等易燃易爆物品进入教室。

3. 要至少保证两个安全出口畅通,禁止随意上锁。

4. 使用大功率照明灯或电取暖器不能靠近易燃物。

5. 定期检查电气线路,防止电气线路老化或超负荷。

6. 严禁在教室内存放实验用的易燃易爆危险物品。

7. 严禁在教室内吸烟、乱扔烟头。

8. 离开教室前要检查电灯以及其他电源是否关闭。

(二)师生宿舍防火

宿舍是学校人员集体生活区,具有一定的私密性,消防管理难度相对较大,防火安全必须严格细致。

1. 禁止私自接拉临时电线。接拉临时电线极易导致供电线路超负荷,引发火灾。

2. 禁止在宿舍等公共场所使用电炉、电热器、"热得快"等电热设备。这些电热设备用电功率比较大,易导致供电线路超负荷,引发火灾。

3. 禁止在宿舍等公共场所使用煤气炉、酒精炉等灶具。因为宿舍的地方较小,可燃物品较多,稍有疏忽将酿成火灾。

4. 禁止在宿舍点蜡烛看书。宿舍熄灯时间已经较晚,如再点蜡烛看书疲乏睡着,蜡烛易引燃被褥等可燃物造成火灾。

5. 禁止卧床吸烟、乱扔烟头、火柴梗。人躺在床上很容易入睡,未熄的烟头或火柴梗掉在被褥等可燃物上,容易引起火灾。

6. 禁止将台灯靠近可燃物。台灯点燃时间过长,灯头发热靠近可燃物,如蚊帐等,易发生火灾。

7. 注意做到人走断电。人离开宿舍要关掉电器开关,拔下电源插头,确保电器彻底切断电源。

8. 宿舍区所有安全出口、疏散通道应保持畅通。

(三)实验室防火

实验室是学校易燃易爆危险物品使用场所,又常需要动用火源,火灾危险性较大,防火方面应实施专人管理、科学规范管理。

1. 实验室内禁止储存或放置无关的可燃物资。

2. 实验课需要使用酒精灯和一些易燃的化学药品时,要在老师的指导下进行,并且严格按照操作要求去做,时刻小心谨慎,严防发生用火危险。

3. 实验专用危险物品要有专人看管,搬运使用要谨慎,试剂存放要分类,切忌混存。

4. 安全出口、疏散通道保持畅通,出口处的门应为平开门,并向疏散方向开启。

(四)食堂防火

食堂餐厅是学校内人员聚集的生活区之一,除了要做好用火、用电、用气安全管理外,还应保证一旦发生火灾的人员疏散安全。

1. 抽油烟机罩要定期清理,防止油污淤积过多起火。

2. 食堂操作间电源线路、开关等按要求进行防潮、防油浸、防过热处理。

3. 严防易燃物品如油类、酒精等靠近火源。

4. 严格按照操作规程使用各类电炊具。

5. 无论是使用燃气还是明火烧饭均要有专人看管。

6. 设置消防应急照明设施,安全出口、疏散通道保持畅通,出口处不应设置卷帘门、侧拉门、旋转门、电动门等。

旅馆建筑防火

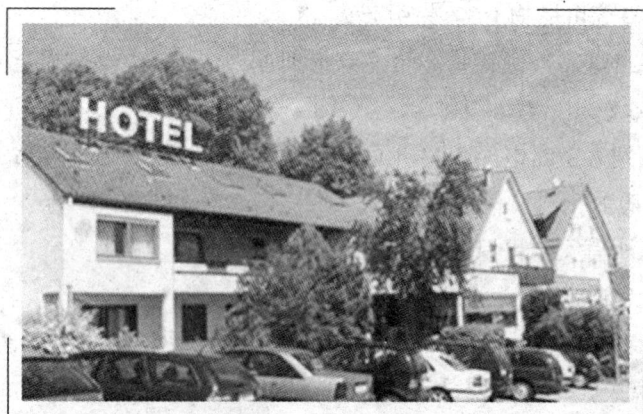

这里要说的旅馆类建筑,是指提供住宿、餐饮的宾馆、饭店、旅社、招待所等场所的建筑。农村以及乡镇的旅馆建筑,一般规模不大,但由于管理人员缺少相应的消防安全意识,不同程度的存在疏散通道堵塞、电线敷设不规范、无人巡查值守等不安全因素,而且消费群体层次多样,人员结构复杂,很多火灾原因与客人的安全意识不足以及周边环境不好有关。如 2013 年 8 月 9 日凌晨,河南省社旗县城郊乡一旅馆发生火灾,经全力抢救被困人员全部救出,其中 3 人经抢救无效死亡。又如 2011 年 5 月 1 日凌晨,吉林省通化市一家快捷酒店因人为放火发生火灾,造成 10 人死亡、35 人受伤的惨剧。

一、旅馆建筑的火灾危险性

(一)易燃可燃物多

这类场所往往房间面积小,装饰装修复杂,并且房间隔断、内部装修材料的燃烧性能低,多为木材、塑料、纺织品等有机易燃可燃材料,火灾荷载较大。发生火灾后,火势蔓延迅速。

(二)建筑安全条件差

农村乡镇的旅馆类建筑,有的建设年代较早,有的系其他建筑改建而成,大都存在安全出口、疏散通道数量不足、宽度不够,疏散走道不畅等消防安全条件先天不足的情况。一些小型旅馆甚至与家庭住宅或其他功能场所处于同一建筑内。

(三)消防设施不足

大部分旅馆为降低成本,减少了在消防设施方面的投入,没有必备的消防设施,室内外消防给水及消火栓缺少;灭火器数量不足或配置类别不当;应急照明、疏散指示标志安装不符合要求等,或者使用价格比较便宜的假冒伪劣产品;自动消防设施更为少见。

(四)电气安装不规范

很多建筑的电气敷设没有设计图,只是根据需要、凭着感觉随意敷设,有的擅自拉接临时线路,有的直接将电气线路、插座等安装在可燃结构上,电气火灾危险性大。

(五)人员疏散困难

旅馆建筑内人员集中,有的一间房内住着多人,加之场所周边经营环境复杂,很多旅馆都装有防盗窗,妨碍疏散与紧急救援。住宿人员一般对建筑内的疏散通道、安全出口不熟悉,发生火灾后,有机可燃材料燃烧产生大量有毒烟气,人员惊慌失措,易造成群死群伤。

二、旅馆建筑的防火措施

1. 控制可燃物。建筑构件以及内部装修采用不燃、难燃材料,客房内地毯、窗帘、墙纸等装饰材料,应经防火阻燃处理。

2. 改善安全疏散条件。安全出口处不应设置门槛、台阶、屏风等影响疏散的遮挡物;疏散门不应采用卷帘门、转门、吊门、侧拉门,并应向人员疏散方向开启。疏散通道、安全出口保持畅通,禁止占用疏散通道,不应遮挡、覆盖疏散指示标志。营业期间严禁将安全出口上锁,门窗不应设置影响逃生和灭火救援的障碍物。客房门背面张贴火灾时人员安全疏散示意图。

3. 保障电气安全。电气线路、设备由专业电工负责敷设、安装,严禁私拉乱接电线,定期检查消除电气火灾隐患;增加大功率电气设备应事先考虑用电负荷等级要求;高温照明灯具、电源开关、插座、荧光灯等安装在不燃材料上。

4. 设置消防提示标志。在客房以及公共区域设置消防警示标牌,如禁止卧床吸烟、禁止使用明火、禁止带入或存放易燃易爆危险品等。

5. 加强日常消防管理。建立消防用火用电管理、设施保养、培训演练等规章制度,督促员工严格按规章制度开展工作。特别是对厨房的燃气、燃油、酒精等危险物品的使用以及检修动火等强化管理,严格控制好各类火源以及危险源。

6. 加强从业人员教育培训。所有工作人员经过消防专门培训后上岗;保安员、客房服务员、前台工作人员、厨房工作人员懂得本场所火灾危险性,会报火警、会扑救初起火灾、会组织人员疏散。定期组织全体员工开展灭火疏散演练,提高自防自救能力。

7. 确保消防设施完好有效。旅馆建筑内可选用水型灭火器、ABC 型干粉灭火器。室内消火栓箱内水枪、水带应配置齐全、完好,定期检查是否被圈占或遮挡,消火栓是否有水;配备的灭火器种类和数量要符合要求。达到一定规模的建筑要按照规范要求设置自动消防设施,提高自防自救能力。

8. 加强消防检查与巡查。由于旅馆人员流动性大,服务人员等必须加强安全检查与巡查。检查的主要内容是应急照明及疏散指示等标志、消防器材是否完好;巡查的主要内容是疏散通道是否畅通,是否有临时放置的杂物,是否有烟火隐患。一旦发现火情,应立即处置,引导人员疏散,组织力量扑救。

医院建筑防火

医院建筑是指供医疗、护理病人使用的公共建筑。医院可分为综合医院和专科医院。门诊部、住院部、手术室等是医院的主体部分；放射、理疗、病理生化检验等是医院的辅助治疗部分；药房、制剂室和仓库、车库、配电房、锅炉房、设备维修间等是医院的后勤供给保障部分。由于医院有许多贵重医疗设备，人员众多，伤病员自身活动能力较差，一旦发生火灾，必将造成人员伤亡和重大经济损失。如2005年12月15日16时30分，吉林省辽源市中心医院配电室因供电电缆短路引燃可燃物起火，过火面积达5714平方米，火灾造成37人死亡，95人受伤，直接财产损失821.9万元。

一、医院建筑的火灾危险性

1. 放射机房装有固定或移动的 X 线机。X 线机常见电路故障有断路、短路和零件损坏等，进而造成电器起火。X 线机使用的电压要求较高，同时也会产生一定的热能，具有潜在的火灾危险性。

2. 胶片室里的胶片属于易燃物质，火灾危险性较大。

3. 手术室中所使用的麻醉剂都是易燃易爆物质，所使用的电气设备也较多，若发生火灾，会造成严重的后果。

4. 生化检验及实验室每天都要接触和使用各种化学试剂,有时还需使用酒精灯、煤气灯等明火和电炉、烘箱等电热设备,稍有不慎则会造成火灾。

5. 病理室在进行切片制作和处理过程中,要经常使用乙醇、二甲苯等化学溶剂。在烘干时,极易发生火灾。

6. 药库、药房和制剂室内都储存有大量的易燃、易爆物品和放射性物品,而且种类繁多,性质复杂,若发生火灾,不便控制和处理。

7. 高压氧舱内气压、氧含量都很高,碳氢化合物、油脂、纯涤纶等遇到高浓氧往往可自燃。一旦起火,火势猛烈,蔓延速度快,舱内人员不易撤出,后果不堪设想。

8. 治疗用的红外线、频谱等加热器械如靠近被服、窗帘等可燃物也易起火。

二、医院建筑的防火措施

(一)病房

1. 病房通道内不得堆放杂物,应保持通道畅通,疏散通道上应设置疏散和事故照明设备,以便火灾时进行疏散和扑救。

2. 在给病人输氧时,氧气瓶要竖立固定,同时提醒病人及其亲友,不得用有油污的手和抹布触摸氧气瓶和制氧设备。如采用输氧管道集中输氧时,除应保证避热、禁油、防止撞击等常规要求外,氧气瓶室内不得存放任何可燃杂物,输氧管道不得用酒精等有机溶剂揩拭。

3. 在输氧气时,病房禁止用火与吸烟等;禁止病人和家属携带煤油炉、电炉等加热食品。

4. 氧气瓶的开关、仪表、管道均不得漏气,医务人员要经常检查;同时检查用火、用电的安全情况。加热食品也应有专门地方,炉灶应由专人管理。

5. 病房内的电气设备不得擅自改动,不得私设电炉、电水壶等加热设备,以免超负荷,妨碍病房照明与急救设备的正常工作或导致电气火灾。

(二)放射室(科)

1. 应采用一二级耐火等级的建筑,吊顶应用不燃材料装修。电器设备必须符合电气安装规程,电缆变压器的负载、容量应达到规定的安全系数,防止超载失火。中型以上的诊断用 X 线机,应设置一个专用的电源变压器。

2. X 线机用的电缆应采用金属套管或选用阻燃电缆,敷设在封闭的电缆沟内,用防火填料堵塞洞孔,防止老鼠等小动物进入。移动电缆的弯曲度不宜过大,以防被高压电击穿;地表走线部位,应设防磨损垫衬。X 线机及其设备部件应有良好的接地装置。经常对 X 线机进行检查,发现问题及时处理。

3. 清毒和清洗污物使用酒精、汽油等易燃液体时,必须打开门窗通风,易燃液体在室内的存放量不得超过 500 毫升,并有专人专柜负责保管。

4. 胶片室应独立设置,室内要求通风良好,避免阳光直射,保持阴凉干燥。

5. 胶片室必须专室专用,不得存放其他易燃物;胶片室不应安装电气动力设施;照明用电的灯具、线路、开关不得靠近胶片存放点。不同胶片要分开存放,还要经常检查,发现霉点及时擦去。

6. 胶片室内严禁吸烟,下班时必须切断电源。

(三)核磁共振扫描仪检测室

1. 核磁共振扫描仪应安装在一、二级的耐火建筑中,室内装修要采用不燃材料或阻燃材料,不得用易燃可燃材料。

2. 室内严禁存放可燃或易燃物,同时要有自动报警和自动灭火装置,并按规定配备必需的灭火器材。

(四)手术室

1. 室内要保持良好通风条件,若采取机械排风,不得循环。排风口应设在手术室的下部,消毒间与手术室应分开设置。

2. 控制麻醉剂、消毒剂(如酒精)等要做到即领即用,不得在手术室内贮存,用过的渗有易燃液体的载体(如棉球等)要随时放入有盖的容器内。

3. 室内禁止使用电炉、酒精灯等明火。禁止在使用易燃性麻醉药过程中,使用电灼、电凝器、激光刀等。

4. 医务人员在防静电时应采用特制的导电软管,或对麻醉机和手术床作导除静电处理,并应穿着防静电服装和导电鞋操作。麻醉机及手术台周围地板要采用金属导线接地等导除静电的技术措施。

5. 室内非防爆型的开关、插头,应在施行麻醉前合上、插好。必须等手术完毕,乙醚蒸气排除干净后,方可切断或拔去插头。室内应备有二氧化碳灭火器。

工业建筑防火

　　工业建筑主要是指厂房、库房,火灾危险性由其生产、储存物资的性质决定,国家现行《建筑设计防火规范》(GB50016-2014)将生产和储存物品的火灾危险性均分为甲、乙、丙、丁、戊五类,火灾危险程度依次递减。其中,甲乙类主要为易燃易爆物品的生产储存,丙、丁、戊类分别为可燃、难燃、不燃物品的生产储存。需要特别说明两点,一是有些生产看上去火灾危险性不大,其实不然,如铝、镁制品的抛光工艺,一般会认为金属加工安全系数较高,实际情况是金属粉尘有着较大的爆炸危险,该工艺火灾危险性也因此被确定为乙类;二是有时尽管生产本身火灾危险性较低,但由于存在其他可燃物和火灾隐患,同样可能造成重大火灾事故。如2014年11月16日,山东省寿光市化龙镇裴岭村某食品有限公司胡萝卜包装车间发生火灾,造成18人死亡、13人受伤,过火面积5000平方米。据调查,事故的直接原因是该公司保鲜恒温库内敷设的制冷风机电线接头过热短路,引燃墙面聚氨酯泡沫保温材料,引发火灾。

一、工业建筑的火灾危险性

　　1. 甲乙类厂房有着较大的火灾爆炸危险性,如果建筑设计以及设备、工艺或人为操作上出现问题,很容易发生事故。

2. 有些工艺要求生产线连续布置,造成防火分隔可靠性差、疏散困难。部分劳动密集型厂房内人员密集,如果安全疏散路线设计不合理,紧急情况下易造成拥堵和踩踏事故。

3. 由于部分企业的生产性质要求在厂房内设置货物暂存中转区,如不限制货物存放量或存放周期过长,就会造成火灾荷载增加,发生火灾的危险性增大。

4. 为了提高场地的利用率,部分企业擅自将原有建筑物间的防火间距或消防通道搭建成仓库或车间,改变整体消防安全布局,造成建筑物无消防车道,防火间距不足,安全疏散不能独立,消防设施、电气线路等设置不符合要求等问题,带来新的消防安全隐患。

5. 密闭、洁净厂房内部分隔复杂,造成人员疏散路线曲折,疏散距离过长,发生火灾时,烟气滞留在内部走道,在没有送风和排烟系统的情况下,烟气很难排出,对人身安全构成威胁。

6. 大跨度厂房一般承重结构为钢结构,一旦发生火灾,易造成过火面积大,火灾损失重,灭火救援难。

二、工业建筑的防火措施

1. 明火作业的企业(车间),生产、使用、储存化学危险物品的企业,均不得设在简易建筑里,至少应是砖瓦结构。

2. 建筑厂房,应经公安消防部门审核,特别是生产规模较大,从事易燃易爆物品的生产以及其他火灾、爆炸危险特别大的企业,厂房应由专业设计单位设计,图纸要送公安消防部门审核,批准同意后才可建造。经批准的建筑不得擅自改建或改变使用性质,增大火灾危险性。

3. 工厂、仓库、职工宿舍不可设在同一建筑里,尤其不可将职工宿舍设在工厂和仓库的楼上。

4. 厂房之间、厂房与居民住宅之间都应保持一定的防火间距,不得相互毗连。特别是易燃建筑厂房不得大片毗连,应有一定的防火分隔措施。

5. 疏散楼梯、通道设置应符合国家消防技术规范要求,随时保持畅通,不得堵塞或占用。

6. 不符合基本防火要求的厂房应逐步改造,或转产火灾危险性较小的产品,或采取其他方法以提高其耐火性能。

养殖建筑防火

　　农村养殖场的建筑主要用来蓄养猪、牛、马、驴、骡等牲畜和鸡、鸭、鹅等家禽。牛、马、驴等一些大牲畜在我国农村很多地区,目前仍然作为生产资料,广泛用于耕地和从事交通运输。近些年来,又发展了许多集中饲养的养殖专业户,投资大,价值高。养殖场一旦发生火灾,有时会对农民的致富产业造成沉重打击。如 2014 年 1 月 29 日 12 时许,吉林省吉林市所属的磐石市烟筒山镇新发村一肉猪养殖场发生火灾,在全村 200 多名村民的帮助下,火势未继续蔓延。但此次火灾致 1 人受伤,500 头猪被烧死,直接经济损失近百万元。又如 2015 年 6 月 24 日 14 时 15 分,安徽省黄山市徽州区岩寺镇长源村一养鸡场发生火灾,数千个鸡蛋被"烤熟",火灾系工作人员抽烟不小心引燃装鸡蛋的纸壳引起。为了保护农业生产和农民家庭的利益,必须做好养殖建筑的防火工作。

　　一、养殖建筑的火灾危险性

　　1. 养殖牲畜家禽棚舍的建筑比较简单,大多采用可燃材料搭建,耐火等级比较低,容易发生火灾。

　　2. 牲畜的饲料在冬季多用干草,过冬的饲料储备很多,饲料间或堆场又往往同牲畜棚紧紧相连,无论是牲畜棚或草料堆场起火,都易互相殃及,扩大成灾。

3. 禽类养殖的模式多为整体固定式棚舍,遇到突发性火灾事故,很难在第一时间将其转移至安全地带。

4. 牛、马、驴、骡等大牲畜,一般都用缰绳拴牢,发生火灾时,不易疏散,加上它们容易受惊,有时拉出去了,又自行回到棚里,这是牲畜棚着火后,容易造成重大损失的原因之一。

二、养殖建筑常见的火灾原因

1. 饲养员的宿舍同牲畜棚舍毗连。饲养员生活用火不慎引起火灾,扩大到牲畜棚舍。

2. 饲料加工间同牲畜棚舍接近或连在一起,在用粉碎机械加工饲料时,混入铁钉、铁丝、石子等,摩擦撞击产生火花,引起火灾,扩大到牲畜棚。

3. 电线老化或安装不当,发生短路,产生火花引起火灾。

4. 牲畜棚舍使用油灯、蜡烛等照明,因挂放不牢,发生倾倒或靠近可燃物引起火灾。

5. 饲养人员吸烟时乱丢烟头引燃可燃物起火。

6. 夏季熏蚊、虻时,用火点选择不当,引起周围可燃物燃烧成灾。

7. 牲畜棚舍靠近村民住宅,烟囱飞火、乱倒炉灰以及住宅发生火灾后蔓延等引发棚舍火灾。曾经有放孔明灯引燃养鸡大棚的火灾实例。

8. 由于邻里纠纷矛盾,人为恶意放火致灾。

三、养殖建筑的防火措施

1. 牲畜棚舍应单独建造。一般当牲畜棚舍的面积超过 150 平方米时,中间应设防火墙或阻火墙分隔。铡草间、饲料间及人员宿舍、住宅与牲畜棚舍应分开建造,如与其他建筑物相连或间距过小的,应建防火墙或阻火墙分隔,以防其他部位发生火灾时向牲畜棚蔓延。

2. 建造牲畜棚舍时,要选用耐火性能好的建筑材料,其建筑等级不宜低于三级(砖木结构),不要使用草棚等易燃材料搭建。对现有不符合防火要求,改造有困难的牲畜棚舍,要采取防火措施。对那些用芦苇、玉米秸、木材等可燃材料做成的房笆、墙壁,应抹石灰或泥浆,以提高耐火性能。

3. 牲畜棚舍必须设有安全出口,牲畜棚的出口的数目可按每 6 头牲畜设一个出口计算。出口的宽度应以能使躯体最大的牲畜出入方便为原则,并适当加宽,以便发生火灾时能够及时把牲畜疏散到安全地点。

4. 牲畜棚舍内不应搭设用火设备。严禁在牲畜棚舍内吸烟。用火熏蚊、虻时,必须选择无风天气,不要靠近有可燃物的地方,并指定专人看管。

5. 牲畜棚舍内不应堆放可燃物料,饲草应放在铡草间,做到随用随取。对粉碎好的饲料要摊开散热,再送到饲料间。

6. 对粉碎机的各转动部件要经常加油,保持润滑,机器轴承上的粉尘、杂草等要及时清除,以防止摩擦产生高热引燃可燃物,蔓延成灾。

7. 牲畜棚舍内的照明设备,应采用电灯或马灯。使用电灯时其线路的布线及导线的选用,必须由电工按照有关电气技术规程进行安装或检修。使用马灯照明时,灯具要固定位置,挂放牢靠,并距可燃物不应少于50厘米。

8. 为了在发生火灾时能尽快地实施疏散,在大牲畜进棚拴缰绳时,应系成活扣,以便迅速解开。饲养员还应备有刀斧,万一缰绳来不及解开时,可以紧急割断。对牵出的牲畜,要拴牢,看管好,否则,有的牲畜还可能跑回火场。

9. 畜禽棚舍、饲料室应设有消防水桶,并备有其他灭火工具和设备;有条件的可适当配置手提式干粉灭火器。

10. 畜禽饲养人员既是饲养畜禽的主要责任者,也是保证畜禽棚舍防火安全的责任者。因此,饲养员应增强防火安全观念,做到用火用电不离人,人走火熄电灭,定时巡查,一旦发生火情,及时发现扑灭。

第三章 电线电器防火

电气火灾一般是指由于电气线路、用电设备、器具以及供配电设备出现故障释放出热能,如高温、电弧、电火花等,以及非故障释放的能量,如电热器具的炽热表面等,在具备燃烧条件下引燃自身或其他可燃物而造成的火灾,还包括由雷电或静电引起的火灾。相关资料表明,按照火灾原因统计,电气火灾已占每年火灾总数的三分之一以上,把电气火灾说成是"电老虎"一点也不为过。电气火灾发生的直接原因各不相同,根据火灾产生的机理,主要包括以下几个方面:

一、短路引发火灾

电气线路中的裸导线或绝缘导线的绝缘体破损后,火线与零线或火线与地线在某一点碰在一起,引起电流突然大量增加的现象就叫短路,俗称碰线、混线或连电。由于短路时电阻突然减少,电流突然增大,其瞬间的发热量也很大,大大超过了线路正常工作时的发热量,并在短路点易产生强烈的火花和电弧,不仅能使绝缘层迅速燃烧,而且能使金属熔化,引起附近的易燃可燃物燃烧,造成火灾。

二、过负荷引发火灾

电气线路中允许连线通过而不至于使电线过热的电流量,称为安全载流量。当导线中通过电流量超过了安全载流量时,导线的温度不断升高,这种现象就叫导线过负荷。就好比一个人去挑担子,担子过重,就挑不起来,如果硬扛就会伤及身体。电线也一样,一定的材质,一定粗细的电线,所能通过的电流也有一定限度,超过了限度,力不能及,就叫"超负荷",也称"过负荷"、"过载"。当导线过负荷时,加快了导线绝缘层老化变质。一般电线的最高允许工作温度为60℃。当严重过负荷时,导线的温度会不断升高,甚至会引起导线的绝缘发生燃烧,并进一步引燃导线附近的可燃物,从而造成火灾。

三、接触电阻过大引发火灾

众所周知,凡是导线与导线、导线与开关、熔断器、仪表、电气设备等连接的地方都有接头,在接头的接触面上形成的电阻称为接触电阻。当有电流通过接头时会发热,这是正常现象。如果接头处理良好,接触电阻不大,则接头点的发热就很少,可以保持正常温度。如果接头中有杂质,连接不牢靠、松动或其他原因使接头接触不良,造成接触部位的局部电阻过大,当电流通过接头时,就会在此处产生大量的热,形成高温,这种现象就是接触电阻过大。在有较大电流通过的电气线路上,如果在某处出现接触电阻过大这种现象时,就会在接触电阻过大的局部范围内产生极大的热量,使金属变色甚至熔化,引起导线的绝缘层发生燃烧,并引燃附近的可燃物或导线上积落的粉尘、纤维等,从而造成火灾。

四、漏电引发火灾

所谓漏电,就是线路的某一个地方因为某种原因(自然原因或人为原因,如风吹雨打、潮湿、高温、碰压、划破、磨擦、腐蚀等)使电线的绝缘或支架材料的绝缘能力下降,导致电线与电线之间(通过损坏的绝缘、支架等)、导线与大地之间(电线通过水泥墙壁的钢筋、马口铁皮等)有一部分电流通过,这种现象就是漏电。当漏电发生时,漏泄的电流在流入大地途中,如遇电阻较大的部位时,会产生局部高温,致使附近的可燃物着火,从而引起火灾。此外,在漏电点产生的漏电火花,同样也可能引起火灾。

五、雷电引发火灾

雷电是天空中伴有闪电和雷鸣的一种壮观而又有点令人生畏的放电现象。雷电的冲击电压高达数百万伏甚至数千万伏,可毁坏发电机、电力变压器、断路器、电气设备的绝缘、烧断电线或劈裂电杆,造成大规模停电;绝缘破坏还可以引起短路,导致火灾和爆炸事故;在易燃易爆危险场合,雷电冲击的放电火花也会酿成火灾或爆炸事故。

雷电的热效应是巨大的雷电流(几十至几百千安),它通过金属导线时在极短的时间内转换成大量热能而引起破坏作用。在雷击点处产生的热量大约有 500～2000 焦耳,可造成可燃物燃烧或造成金属熔化、飞溅而构成火灾。同时由于雷电流的热作用,在被击物的缝隙中的气体迅速膨胀,水分急剧蒸发,会产生巨大的机械破坏力,使被击物受到严重损坏或发生爆炸。

雷电灾害是联合国"国际减灾十年"公布的最严重的十种自然灾害之一。雷害中破坏作用最严重的是雷电流引发的火灾。据有关资料统计,全球每分钟有800 多次雷击发生,雷电引发的火灾每年有 5 万多起,雷电火灾造成的经济损失在10 亿美元以上。

六、静电引发火灾

静电,就是一种处于静止状态的电荷或者说不流动的电荷(电荷流动就形成了电流),当电荷聚集在某个物体上或表面时就形成了静电。当带静电物体接触零电位物体(接地物体)或与其有电位差的物体时都会发生电荷转移,也就是我们日常见到的静电放电现象。例如北方冬天天气干燥,人体容易带上静电,当接触他人或金属导电体时就会出现放电现象。夜里睡前脱下化纤衣物能看到火花闪烁,其原因就是摩擦产生静电。

爆炸和火灾是静电危害中最为严重的一种事故。如 2014 年 12 月 4 日,江苏省徐州市发生了一起离奇事故,一名 28 岁小伙子在自己摩托车修理铺前被烧成重伤。引发火灾的原因,居然是他本人在进行加油作业时,因身上化纤面料衣服产生的静电引燃油气导致事故发生。

静电的电量虽然不大,但因其电压很高,容易发生静电放电而产生火花。静电造成爆炸和火灾事故应具备两个条件:一是工艺过程中产生和积累数量很大的静电,足以造成电介质局部击穿放电、产生静电火花,而且静电火花放出的能量已超过爆炸性混合物的最小引燃能量。二是在静电火花的周围存在爆炸性混合物,如可燃气体、粉尘等,且其浓度已达到混合物爆炸的极限。静电造成的爆炸或火灾事故,以石油、化工、橡胶、印刷、粉末加工等行业较为严重。

电气防火常识

电气火灾发生前,都有一种前兆,要特别引起重视,就是电线因过热首先会烧焦绝缘外皮,散发出一种烧胶皮、烧塑料的难闻气味。所以,当闻到此气味时,应首先想到可能是电气方面原因引起的,如查不到其他原因,应立即拉闸断电,直到查明原因,妥善处理后才能合闸送电。

一、电气敷设防火要求

1. 对用电线路进行巡视,以便及时发现问题。

2. 在设计和安装电气线路时,导线和电缆的绝缘强度不应低于网路的额定电压,绝缘子也要根据电源的不同电压进行选配。

3. 安装线路和施工过程中,要防止划伤、磨损、碰压导线绝缘,并注意导线连接接头质量及绝缘包扎质量。

4. 在特别潮湿、高温或有腐蚀性物质的场所内,严禁绝缘导线明敷,应采用套管布线,在多尘场所,线路和绝缘子要经常打扫,避免积油污。

5. 严禁乱接乱拉导线,安装线路时,要根据用电设备负荷情况合理选用相应截面的导线。同时,导线与导线之间、导线与建筑构件之间及固定导线用的绝缘子之间应符合规程要求的间距。

6. 定期检查线路熔断器,选用合适的保险丝,不得随意调粗保险丝,更不准用铝线或铜线等代替保险丝。

7. 检查线路上所有连接点是否牢固可靠,要求附近不得存放易燃可燃物品。

二、家庭用电防火要求

1. 电气敷设由专业人员负责,不违规用电,不购置、使用无质量保证的电线和电器产品。

2. 不私接乱拉电线,不用铜、铁、铝丝等代替刀闸开关上的保险丝。

3. 使用电热器具时,不要接触或靠近可燃物。

4. 利用电器烘烤衣物,要有专人看管。

5. 不随意拆卸电器,尽可能少用临时电线。

6. 使用电油汀等取暖器时,不用衣物等覆盖散热部位;电视机等可能发热的电器后面应预留充分的空间,以散发机内产生的热量。

7. 不超负荷用电,一个插座上不要使用过多的用电设备,不同时使用多件大功率电器。

8. 遇到突然停电,应及时关闭所有正在使用的电器,切断电源,以防人离开后来电引发意外事故。

9. 入睡前应对用电器具进行检查,防止忘记关闭电源;离家外出时切断总电源。

10. 用电结束后及时断电;用电设备长期不使用时,也应切断电源或拔下插头。

三、雷电火灾预防措施

1. 安装防雷装置。常见的防雷装置有:避雷针、避雷线、避雷网、避雷带、避雷器等。防雷装置主要由接闪器、引下线、接地体三部分组成,其作用是防止直接雷击或将雷电流引入大地,以保证人身及建筑物的安全。

2. 安装半导体少长针消雷器。半导体少长针消雷器既能消除上行雷和下行雷的主放电电流,同时还起着"中和"的作用。它不但能100%消除地面向上发展的雷电,使总的雷击次数减少78%左右,而且保护范围比较宽,保护角度高达80°。

3. 对接地电阻定期测试。为使防雷装置具有可靠的保护效果,除了合理的设计外,对重要场所应在每年雷电活动高峰期来临前,对接地装置的接地电阻进行测试;对一般性场所或单位应每隔2~3年在雷雨季节以前作定期检测。如发现接地电阻有很大变化,应对接地系统进行全面检查,以保证其达到原设计要求。同时应建立防雷测试档案,以便比对变化情况,判断接地装置是否完好。

4. 加强对防雷装置的检查和维护保养。检查内容包括:是否由于维修建筑物或建筑物本身形状有变动,使防雷装置的保护范围出现缺口;各明装导体有无因锈蚀或机械损伤而折断的情况;接闪器有无因雷击后发生熔化或折断,避雷器瓷套有无裂纹、碰伤等情况,并应定期进行预防性试验;引下线在距地面 2 米至地下 0.3 米一段的保护处理有无被破坏情况;接地装置周围的土壤有无沉陷现象;有无因挖土、敷设其他管道或种植树木而挖断接地装置的情况。

四、静电火灾预防措施

1. 静电接地。接地是消除静电危害最简单、最基本的方法。主要用来消除导电体上的静电,而不宜用来消除绝缘体上的静电。静电接地必须牢靠,并有足够的机械强度。

2. 增大湿度。就是通过加大空气的湿度的方法以消除静电荷的积累。一般当空气的相对湿度低于 30%时,容易摩擦产生静电。有静电危险的场所,在工艺条件许可的情况下,可以采取安装空调设备、喷雾器以及采用悬挂湿布条等方法,增加空气的相对湿度,以保持在 70%以上为宜。

3. 加抗静电添加剂。搞静电添加剂是特制的辅助剂。一般只需加进千分之几或万分之几的微量,即可消除生产过程中的静电。采用抗静电添加剂时,应以不影响产品的质量和性能为原则。此外,还应留意防止某些添加剂的毒性和腐蚀性。

4. 静电中和器。静电中和器又称静电消除器,是借助电力和离子来完成的。按照工作原理和结构的不同,大体上可分为感应式中和器、高压中和器、放射线中和器和离子流中和器。

5. 工艺控制法。工艺控制的方法很多,主要有:适当选用导电性较好的材料;减少摩擦;控制物料的流速;改变注料方式(如装卸油时最好从底部注油,或沿罐壁注进)和注料管口的外形;消除设备或管道中混进的杂质;降低爆炸性混合物的浓度等。

五、电气火灾应急处置

万一发生了火灾,不管是否是电气方面直接引起的,首先要想办法迅速切断火灾范围内的电源。原因之一:如果火灾是电气方面引起的,切断了电源,也就切断了起火的火源。原因之二:如果火灾不是电气方面引起的,也会烧坏电线的绝缘,若不切断电源,烧坏的电线会造成碰线短路,引起更大范围的电线着火。原因之三:切断电源后,才能够有效避免灭火人员在施救过程中的触电危险。电气火灾的一般处置方法如下:

1. 发生电气火灾时,首先迅速切断电源(拉下电闸、拔出电源插头等),以免事态扩大,如果带负荷切断电源时应戴绝缘手套,使用有绝缘柄的工具。

2. 当电源线不能及时切断时,应及时通知变电站从供电始端拉闸,同时使用现场配置的灭火器进行灭火,灭火人员要注意人体的各部位与带电体保持充分的安全距离。

3. 如果未切断电源或不清楚电源是否切断的情况下,灭火时要用绝缘性能好的灭火剂如干粉灭火器,二氧化碳灭火器或干燥砂子,严禁使用导电灭火剂(如水、泡沫灭火器等)扑救。

4. 发生电气火灾,应在进行断电与火灾扑救的同时,如有伤员应及时救治,火势较大时尽快拨打"119"报警。

电气线路防火

一般来说,电气线路发生火灾主要是由于线路的漏电、短路、过负荷、接触电阻过大或绝缘击穿所造成的高温电火花和电弧所引起的。因此,电气线路防火就是要有效地防止以上电气故障。

一、短路

(一)短路的主要原因

1. 使用绝缘电线电缆时,没有按具体环境选用,绝缘受高温、潮湿或腐蚀等作用的影响而失去绝缘能力。

2. 线路年久失修,绝缘层陈旧老化或受损,使线芯裸露。电源过电压,使电线绝缘被击穿。

3. 安装、修理人员接错线路,或带电作业时不小心造成碰线短路。

4. 裸电线安装太低,搬运金属物件时不慎碰到电线上,线路上有金属物或小动物跌落,发生电线之间的跨接。

5. 架空线路电线间距太小,档距过大,电线松弛,有可能发生两线相碰;架空电线与建筑物、树木距离太小,电线与建筑物或树木接触。

6. 电线机械强度不够,使电线断落接触大地,或断落在另一根电线上。

7. 不按规程私接乱拉电线,管理不善,维护不当。

8. 高压架空线路的支持绝缘子耐压程度过低,也会引起线路的对地短路。

(二)短路的防范措施

1. 按照要求安装线路。安装电气线路必须严格按照电气安装规程,要请专门的电工铺设线路。电工必须持证上岗。

2. 选择正确的电气线路。要根据工作生活中的实际需要,可能造成的负荷选用适当规格的电气线路,不要为了贪小便宜而采用过细的或者劣质的电线。选用电线时要注意检查是否是合格产品。

3. 安全使用电气线路。已安装好的电气线路,不能乱拉、乱接、乱加用电装置,增加整个线路的用电负荷量。要注意了解所使用电路的最高负荷,使用中不得超过这个限度,否则容易造成事故。

4. 经常检查电气线路。要坚持经常性地检查,每隔一段时间都要请专门的电工帮助检查电气线路,发现绝缘层破损,要及时修理。电线使用年限一般是 10~20 年,对超限或检查发现有龟裂等老化现象的必须及时更换。

5. 选用安全的电气开关。要选用安全系数比较高的空气开关,尽量不要使用闸刀开关。闸刀开关在开关的时候会产生电火花,容易产生危险。而选用空气开关可以断电保护的作用。使用保险丝时,要选择合适的保险丝,以免发生故障,电流增大时,能及时切断电流。

二、过负荷

(一)过负荷的主要原因

1. 导线截面选用过小,实际负荷超过了导线的安全载流量。

2. 在线路中接入了过多的电气设备,超过了配电线路的负载能力。

3. 使用的电气设备功率过大。

（二）过负荷的防范措施

1. 根据电线的材质、粗细、绝缘层计算出额定负荷，不可随意增加或调大用电设备。

2. 在一路电线上不得随意接装很多的用电器具，特别是大功率用电器具。如果因生产、工作、生活的需要，必须增加或调大用电设备，则应重新敷设符合要求的电线。

3. 有些电线是与电度表（火表）匹配的，在调换电线的同时，电度表也应作相应调换。

三、接触电阻过大

（一）接触电阻过大的主要原因

1. 安装质量差，造成导线与导线、导线与电气设备衔接不牢。

2. 导线的连接处沾有杂质，如氧化层、泥土、油污等。

3. 连接点由于长期震动或冷热变化，接头会松动。

4. 铜铝混接时，由于接头处理不当，在电腐蚀作用下接触电阻会很快增大。

5. 触头表面生锈或被电弧烧蚀。电火花是电极间的击穿放电，大量电火花汇集起来即构成电弧。通常情况下，电弧的表面温度在3000℃以上，电弧的弧柱中心温度最高在8000℃以上。

6. 周围环境中有侵蚀性气体或蒸汽对触头造成腐蚀，在表面形成绝缘膜。

（二）接触电阻过大防范措施

1. 按照电气操作规程安装。电线连接，先要把绝缘层剥去，把线芯刮擦干净，然后把线头绞合连接。如果加上焊锡，可使接触更佳。接到接线柱上的电线，应弯成环套，加上铜质垫圈，再用螺帽拧紧。多股粗电线必须安上特制的接头，用螺帽固定。铜线与铝线连接，不可以有接头，以免发热引起槽板着火。安装在套管里的电线和其他"暗线"，也不宜有接头，因为这些地方如发生故障不易发现。

2. 电线接头必须接触良好。在电器线路上，除了电线与电线的连接点，还有其他许多连接点。如电线与开关、电线与保险装置、电线与用电器具等，都有连接点。如果接点接触不良，这一处的电阻就比其他地方大。导体的发热量是与电阻成正比的，电阻大的地方就比较容易发热，甚至可使金属熔化，或产生电火花，致使附近的可燃物着火，引起火灾。

四、漏电

（一）漏电的主要原因

由于电线绝缘或其支架材料绝缘能力不佳，就是线路的某一个地方因某种原因(风吹、雨打、日晒、受潮、碰压、划破、摩擦、腐蚀等)使电线的绝缘下降,以致使导线与导线,或导线与大地间有微量电流通过,这就是漏电。漏泄的电流在流入大地途中,如遇电阻较大的部位(如钢筋连接部位),会产生局部高温,致使附近的可燃物着火,引起火灾。

(二)漏电的防范措施

1. 规范电气设计和安装,导线和电缆的绝缘强度不应低于网路的额定电压,绝缘子也要根据电源的不同电压选配。

2. 在潮湿、高温、腐蚀场所内,严禁绝缘导线明敷,应使用套管布线;多尘场所,要经常打扫线路。

3. 尽量避免施工中的损伤,注意导线连接质量;活动电器设备的移动线路因采用铝装套管保护,经常受压的地方用钢管暗敷。

4. 安装漏电保护器和经常检查线路的绝缘情况。

家用电器防火

家用电器主要指在家庭及类似场所中使用的各种用电器具,又称民用电器、日用电器。1879 年,美国科学家爱迪生发明白炽灯,开创了家电时代,随后吸尘器、电动洗衣机、家用电冰箱、电灶、空调器、洗衣机等应运而生。家用电器使人们从繁重、琐碎的家务劳动中解放出来,为人类创造了更为舒适优美、更有利于身心健康的生活和工作环境,提供了丰富多彩的文化娱乐条件,已成为现代家庭生活的必需品。然而多种家用电器一起使用,线路负荷随之加重,加上线路的老化以及使用不当等原因,很容易引发火灾。对于家电使用中的防火安全,时刻不可掉以轻心。

一、电视机火灾预防

电视机在工作时,机内温度会升高。另外,梅雨季节,由于湿度大,如果室内的通风条件不好,散热条件差,电视机的元件上由于附着灰尘等原因就容易受潮,致使电视机元件的绝缘性能变差,产生放电打火或击穿绝缘层,损坏机件,造成短路引发爆炸火灾。如2004年12月21日清晨7时35分,湖南省常德市桥南市场内一商铺因电视机内部故障引起火灾,火借风势迅速蔓延,过火面积约5万平方米。火灾共造成1人死亡、23人受伤,直接财产损失18758万元。

电视机使用的防火安全要求如下:

1. 连续收看电视时间不宜过长。时间越长,电视机工作温度越高。一般连续收看4~5小时后应关机一段时间,待机内热量散发后继续收看。高温季节尤其不宜长时间收看。

2. 选择适当的放置,保证良好的通风。过去少数用户喜欢给电视机做个木箱加以保护,虽然能起到防尘的作用,但要注意通风散热问题,否则通风不良,积热不散,容易造成火灾事故。

3. 电视机电源线必须保护完好。如发现其外皮绝缘层老化或损伤,须及时更换或加裹绝缘胶布,不可以让导线裸露在外。加长的电源线,应放在不易让人碰触的地方,防止因光线较暗,被人碰脱插头,甚至碰断电源线,造成意外事故发生。

4. 防止液体进入电视机,不要使电视机受潮。电视机若长期不使用,尤其是在梅雨季节,要每隔一段时间使用几小时,用电视机自身发出的热量来驱散机体内的潮气。

5. 架设室外天线时不要靠近电源线,更不要把天线架在电线杆上,防止相碰引发火灾。室外天线或共用天线的避雷器要有良好的接地,雷雨天不要用室外天线。

6. 看完电视节目后,不但要关闭开关,还应立即拔下插头,彻底切断电源。

7. 电视机附近不能存有易燃物,防止电视机放电打火,引燃化学物品发生火灾。

8. 在收看电视节目时,如发现电视机内打火、冒烟、有异味等异常现象,必须立即关机进行检修。

二、电饭锅火灾预防

电饭锅是一种能够进行蒸、煮、炖、煨、焖以及保温等多种加工的现代化炊具，使用起来清洁卫生，没有污染，省时省力，是现代家庭不可缺少的用具之一。电饭锅虽无明火，但内有发热元件，使用不当也会引发火灾事故。主要原因是长时间通电引起过热、内锅与电热盘接触不紧密等。如2015年8月23日晚上8点左右，江苏省南通市如皋港一处民居起火，家中财物基本被烧毁，火灾原因系电饭锅短路故障所致。

电饭锅产品强制性国标要求，当产品出现部分元器件工作失灵等非正常工作状态时，器具的结构同样也要具有一定的保护功能，消除这些非正常工作状态可能产生的危险，以避免出现火灾、触电等事故。2015年"3.15"前夕，国家质检总局发布的电饭锅产品质量国家监督抽查结果报告显示，电饭锅产品非正常工作项目合格率为93.3%，在所有检测项目中合格率最低。

电饭锅使用的防火安全要求如下：

1. 用电饭锅做汤、烧水时不要盛放过满，要防止汤水外溢浸入电源插座内。

2. 经常清洁加热盘，及时清除杂物，电热盘和内锅的表面不可沾有饭粒等杂物，以保证两者紧密接触。

3. 避免碰撞内锅，内锅若变形严重，要立即更换。

4. 使用时内锅要放正，放下后来回转动一下，以保证电热盘接触紧密。

5. 不要用普通锅代替内锅，即使"正合适"也不可以。

6. 电饭锅的外壳、电热盘和开关等切忌用水清洗。

7. 不要违章拉接电源为电饭锅供电。电饭锅耗电功率较大，小的300～500瓦，大的上千瓦，线路若有松动，容易引起火灾。

8. 用完应及时切断电源，避免长时间通电。

三、电热毯火灾预防

每到冬季，全国总会发生多起因使用电热毯不当引发的火灾。一般情况下，通电时间过长、电热元件受损、电热毯质量不合格、电热毯控温装置发生故障、电热毯受潮等多种原因，都会导致电热毯发生火灾。如2015年1月18日，江苏省盱眙市马坝镇一户人家由于电热毯漏电引发火灾，少妇和其一岁幼子葬身火海，婆婆也因救人被烧伤，十分令人痛心。

电热毯使用的防火安全要求如下：

1. 购买电热毯时应看准商标，不能购买使用质量低劣、没有合格证、安全措施无保证或自制的电热毯。最好选用有指示灯和保护装置的电热毯，这样，便于观察是否处于通电状态,若发生短路等事故也能迅速自动切断电源。

2. 电热毯第一次使用或长期搁置后再使用,应在有人监视的情况下先通电 1~2 小时左右,检查是否安全。

3. 使用前应仔细阅读说明书,特别要注意使用变压型的电热毯,千万不要把 36 伏或 24 伏低电压电热毯接在 220 伏的电压线路上。进口电热毯也有 100 伏或者 110 伏的,用时不可疏忽大意。

4. 折叠电热毯时不要固定位置。不要在沙发上、席梦思床上或钢丝床上使用直线型电热线电热毯,这种电热线电热毯只宜在木床上使用。

5. 使用电热毯时要注意防潮,不要弄湿电热毯,特别是防止小孩或病人尿床。

6. 避免电热毯与人体接触,应在电热毯上铺一层床被单,以防人体的搓揉,使电热线堆集打裙,导致局部过热或电热线损坏,发生触电或火灾事故。

7. 电热毯脏了,只能用刷子刷洗,不能用于揉搓,以防电热线折断。

8. 电热毯不要与热水袋等其他热源同时共用,以避免造成局部过热。

9. 通电时间不能过长,尤其是不要长时间设置在高温档。

10. 电热毯不用时一定要切断电源。电热毯通电后,如临时停电,应断开电路,以防来电时,无人看管造成火灾。

四、电冰箱火灾预防

提起电冰箱起火爆炸,人们大多难以置信。但是,电冰箱火灾爆炸事故并不鲜见。如 2015 年 8 月 9 日,山东省日照的李某家电冰箱用了不到一年就引发火灾,还把家给烧毁了,损失 13 万元,后经法院调解,冰箱销售商赔偿李某 9.8 万元。电冰箱的火灾危险性主要是控温器、保护启动继电器、照明灯和开关等,在接通或断开时产生电火花;压缩机、电动机在运行过程中产生火花等引起机内外可燃物起火。

电冰箱使用的防火安全要求如下:

1. 合理选用电源线的截面,并按有关规定正确安装,以防在使用中造成导线绝缘损坏引起短路。

2. 电源线或各部电路元件连接时,要接触紧密牢固,以防造成接触电阻过大。

3. 按照有关规定选择合适的保险丝,以免在使用中引起爆断,产生火花或电弧。

4. 冰箱内严禁存放易燃、易挥发的化学试剂及药品,以免挥发后与空气形成混合气体,遇火花爆炸起火。

5. 电冰箱背面机械部分温度较高,所以电源线不要贴近该处,以防烧坏电源线,造成漏电或短路。

6. 由于电气线路故障或维修电气线路造成反复断电和通电时,应暂时切断电源,避免电冰箱频繁启动以保护电机,一般要求停机后过4~5分钟再启动。

7. 电冰箱背后严禁用水喷洒,防止破坏电器元件绝缘。

8. 电源的插销要完整好用。损坏后要及时更换,防止在使用中造成短路或打出火花。

五、空调机火灾预防

空调主要在冬夏两季发挥它的作用,人们在享受丝丝凉气和暖风的同时,也要保证空调安全运行,预防火灾的发生。空调易发火灾的原因是多方面的:一是产品不合格或者质量不好,如电容器质量不好,容易击穿起火等;二是安装使用不符合要求,有些居民只求美观,将空调安装在散热不良的死角,容易形成高温,如果将空调紧贴窗帘,还会阻挡空调散热,高温容易烤着窗帘布;三是电器连接不当,空调一般为大功率用电设备,导线若超负荷可能会过热着火,若电线插头接触不实也会产生电火花,可能导致火灾。如2015年8月2日,四川内江市史家镇的某家庭中安装仅一个月左右的空调机突然起火,全家祖孙三口在自家卧室被严重烧伤。

空调机使用的防火安全要求如下:

1. 选用优质合格的空调产品,并安装合格的断路保护器以及漏电保护器。

2. 定期检查电器线路是否良好。

3. 定期清洗冷凝器、蒸发器、过滤网、换热器,防止散热器堵塞。

4. 空调安装要有利于空气循环和散热,窗帘切勿搭在窗式空调上。

5. 空调开机时间不要过久,在阳台和外挂机周边不得堆放可燃物,使用空调做到人走断电。

6. 遇到突然停电,应将电源插头拔下,通电后稍等几分钟再接电源。

7. 必须使用专门的电源插座和线路,不要同家用电器等共用一个多功能插座。

8. 雷雨天气最好不要使用空调。

六、抽油烟机火灾预防

抽油烟机是厨房内重要的家用电器之一,是消除厨房烟气的好帮手。但如不注意日常保养,它也可能引发火灾事故,从"帮手"变成"杀手"。抽油烟机火灾的原因主要是清扫不及时,油垢太多,遇明火引发燃烧。如2013年5月17日,郑州市民吴女士在家中炒菜,油锅蹿起的火苗,将抽油烟机点燃,她和丈夫都被烧伤。因此,消防宣传常提醒居民:抽油烟机上的油垢是家庭火灾隐患之一,应定期为它

"洗澡"。

抽油烟机使用的防火安全要求如下：

1. 经常保持抽油烟机机体外部的洁净,使用后请用干布或蘸有中性清洁剂的软布擦拭外壳及网罩。

2. 经常检查抽油烟机里的油垢,当油杯所盛污油达六分满时应及时倒掉,以免溢出遇明火燃烧,油杯不能用强酸或强碱清洗剂浸泡清洗。

3. 严禁用水直接冲洗抽油烟机,以防电气部件进水。

4. 若抽油烟机出现异常情况,应立即切断电源,暂停使用。

5. 抽油烟机着火,应先切断电源,可用打湿的棉被或家用灭火器灭火,并及时拨打 119 报警。

第四章 家庭生活防火

炊事防火

民以食为天,每个家庭都离不了一日三餐。不论是使用什么灶具做饭,炉灶一定要设定在适当的位置,并与木板壁、木地板、床铺、窗帘及其他可燃物保持一定距离,使用时要有人看管,以防意外。尤其是现在各种燃气普及使用,如果燃气外泄,既有发生家庭火灾的危险,还有可能引起爆炸事故,殃及四邻。如 2014 年 8 月 11 日 11 时 30 分许,浙江省温州乐清市磐石镇磐东村一栋两层民房内发生燃气爆炸,造成民房坍塌,1 人死亡,6 人受伤。

一、柴火灶防火

俗话说"穷灶房,富水缸",使用柴火灶的室内不宜堆放柴草,如果确有必要的,也要尽量少存。柴草切不可堆放在炉灶旁,要与炉灶、烟囱、灯烛等保持足够的安全距离,并把灶前的柴草打扫干净。

对炉灶、火坑、烟囱要经常进行检查,发现裂缝应及时修补。不但用火过程中要注意安全,用火后掏出的炉灰,也一定熄灭余火后再倒在安全地点,封火要用砖或铁皮把灶门挡好。这些事做起来很简单,但如果疏忽大意,就可能造成严重后果。

此外,也不要把柴草堆放在门垛两旁,以防意外起火将人员封堵在室内。室外露天堆放柴草,堆垛不宜过大,垛与垛之间要有防火间距,柴草垛要远离房屋、仓库、牲畜棚等,以免互相影响,也不要垛在高压架空线下或紧挨路边及人常来往的地方,以防电火花和行人乱扔烟头引起火灾。

二、煤油炉防火

煤油炉是有些家庭常用之物。尚未用上煤气、液化石油气的居民,煤油炉是一种应急的帮手。在单身宿舍里,为改善生活而使用煤油炉者也为数不少。煤油炉体积不大,移动方便,热效率高,经济实惠,又有清洁卫生的特点,很受人们的欢迎。

顾名思义,煤油炉是用煤油作燃料的。因此,不能用其他燃料,更不能用汽油作燃料,也不可向煤油里添加汽油等易燃液体。否则,就有引起火灾、爆炸的危险。

煤油和汽油虽然都可用作燃料,但两者燃烧性能是大不相同的。汽油属于一级易燃液体,而煤油是二级易燃液体。汽油的挥发速度大大快于煤油。如果把汽油加进煤油炉,平时就有许多蒸气挥发出来。当点火使用时,火焰会一轰而起,甚至使整个煤油炉烧起来。如果汽油蒸气达到爆炸浓度,还可能发生爆炸。如2003年2月2日(农历年初二),黑龙江省哈尔滨市天潭大酒店由于操作人员违章向取暖用的煤油炉中加注汽油,引起汽油蒸汽爆燃导致火灾,酿成了33人死亡的惨剧。因此,千万不要往煤油炉内加汽油。

煤油炉引起火灾还有其他一些原因,如煤油炉靠近窗帘、蚊帐,在燃烧时向炉内加油,使用不慎把煤油炉打翻等。这些都应注意避免。

此外,使用煤油炉,一定要放在安全地点。在旅馆、医院等公共场所,或物资仓库等地方,应禁止使用煤油炉。

三、家用燃气防火

燃气是气体燃料的总称,它能燃烧而放出热量,供城乡居民和工业企业使用。燃气的种类很多,主要有天然气、人工燃气、液化石油气和沼气。家用燃气通过供气管道和灶具被点燃后可以实现稳定燃烧,用于烧水烧饭,是一种非常清洁、高效的能源。

(一)家用燃气防火常识

无论是哪种燃气,都具有一定的火灾爆炸危险性,因此,在家庭使用中应格外注意防火安全。

1. 无论使用任何燃气,都要保持室内空气流通。

2. 使用燃气时,厨房内应有成人随时照料,避免汤水溢出熄灭炉火,导致燃气泄漏。使用燃气热水器时,家中应有人看管。

3. 燃气具每次使用后,必须将燃气具开关拧到关闭位置。

4. 停止使用燃气或临睡前,应关闭灶前阀(或角阀)和灶具旋塞阀,防止漏气。

5. 应定期对燃气具进行安全检查,防止出现渗漏等危险现象。常用检漏方法是在接头处、管件上涂肥皂液,看是否有气泡产生;严禁用明火检查。

6. 在管道燃气使用过程中或使用前,发现燃气突然中断或没有燃气时,应将燃气具开关及用户燃气表前总阀同时关闭,拨打供气单位咨询电话、抢修电话,直至接到正常供气通知后,方可继续使用。

7. 燃气设施应由专业人员安装,并保持燃气周围空气流通,严禁液化气同电饭煲、电磁炉、酒精炉、煤炉等混用,如怀疑燃气泄漏,应立即关闭燃气阀门,将附近的火源关闭,打开所有门窗通风,切勿开关任何电器(包括手机)。

8. 日常明火烹饪、烧水都在厨房,并且厨房也是放置燃料、食用油及食材最多的地方。因此正确放置燃料、油料等,尽量少放置其他可燃物,如废纸、塑料袋或其他杂物,以免万一发生火灾导致火势蔓延、扩大。

9. 炉具应经常清洗,确保不积存油,使用抽油烟机时,灶具不得干烧,避免大量热气吸入抽油烟机内,损坏部件,甚至引燃机内油污。抽油烟机油脂应请专业人员清洗,以防油污、水珠进入电路,造成短路。

10. 要经常注意和教育小孩不要玩弄燃气具或在厨房玩火。

(二)液化石油气防火

1. 液化石油气的火灾危险性

液化石油气是一种以丙烷、丙烯和丁烷、丁烯等为主要成分的石油产品,是通过加压等措施使其液化的混合型燃气。

(1)易燃烧。液化石油气具有较低的闪点和燃点,它的闪点在-60℃以下,也就是说,在-60℃时,它也能挥发成气体。因此在常温情况下,泄漏的液化石油气极易和空气混合而形成爆炸性混合物。

(2)易爆炸。这主要表现在液化石油气的爆炸下限较低。液化石油气泄漏以后,由液态变为气态,它的体积将扩大250~300倍,也就是说从气瓶中跑出来的气体,其体积会胀大250倍以上。当液化石油气在空气中的浓度达到爆炸下限(1.5%)时,遇火源即可爆炸。

（3）易挥发。液化石油气很易挥发，一旦流出，在常温下很快气化变为气体弥漫在空气中。由于液化石油气的爆炸下限很低，因此，很容易和空气形成爆炸性混合物。

（4）比重大。液化石油气比空气"重"1.5倍。所以，它泄漏后易向地势较低处流散、沉降，停留在沟道、墙角等低洼处，很容易接触地面上的火源发生火灾。

2. 液化石油气使用的防火措施

液化石油气本身是无色无味的，为了让人们闻出泄漏后的气味，工厂在加工前特地加入了臭味药剂，便于人们发现泄漏并及时采取措施。由于液化石油气具有易燃、易爆、易挥发以及向低洼处沉降的特点，防泄漏、防火灾爆炸的措施一定要安全可靠。平时使用中应做到：

（1）必须严格执行液化石油气炉灶的管理规定，确保炉灶在完好状态下使用。

（2）在厨房里，钢瓶与灶具要保持1.0~1.5米的安全距离，并保持室内空气流通。

（3）经常检查炉灶各部位，发现阀门堵塞、失灵、胶管老化破损等情况，要立即停用并请燃气公司的专业人员来维修。

（4）发现泄漏后千万不要开灯，更不要打电话、开油烟机或排气扇等，要立即打开门窗进行自然通风，降低浓度。如发现室内有液化石油气气味，要立即关闭炉灶开关和角阀，切断气源，及时打开门窗，严禁在周围吸烟、划火、触动电器开关，熄灭相邻房间的炉火并关闭相邻房间的门窗进行隔离。检查泄漏点可用肥皂水，禁止使用明火试漏。

（5）用完炉火应关好炉灶的开关、角阀或户内供气管道的阀门，以免因有差错或供气管老化破裂、脱落或被老鼠咬破而使气体溢出。

（6）使用液化石油气炉灶不能离开人，锅、壶不能装水过满，以防水流出扑灭炉火，溢出液化气。

（7）钢瓶要防止碰撞、敲打，周围环境温度不得高于35℃，不得用明火烘烤和用热水加热，不得与其他危险化学物品存放一处。

（8）钢瓶不得横放或倒置，严禁用自流的方式将液化石油气从一个钢瓶倒入另一个钢瓶。

（9）不得自行处理残液，残液应由充装单位统一回收。不允许随意排放液化石油气，更不得用残液生火或擦拭机械零件。

（10）发现角阀压盖松动、丝扣上反、手轮关闭上升等现象，应及时与供气公司联系，由其派人处理；钢瓶不得带气拆卸。

（三）沼气防火

新农村建设中，越来越多的农村家庭建成了家用沼气池。沼气是一种优质的生物能源燃料,但同时它又是一种易燃性气体,主要成分是甲烷,其余为二氧化碳和少量的氢、氮、硫化氢等。

1. 沼气池的火灾危险性

(1)进行点火试验,检查沼气池能否产生沼气时动作不合规定要求,会因池内有氧气或产生负压而使火焰窜入池内引发爆炸。

(2)沼气池在进料、加水或试压灌水时,因操作过猛,产生过大压力或进料时造成负压,都会导致沼气池爆炸。

(3)沼气池被雨水冲击或被淹,会发生池内超压爆破危险。

(4)向池内投放易燃易爆物品等,发生爆炸和产生毒气。

(5)输气管道泄漏及使用炉灶违反操作程序,也会引发火灾危险。

2. 沼气池的防火措施

(1)沼气池经装料后,应检查是否产生沼气,点火试验时必须在离池较远的出气管口进行,千万不能在池顶导气管口直接点火。

(2)在沼气池作业,使用各种器具时,操作宜柔缓,不可过于猛烈,并要打开导气管,排气泄压。在大型沼气池盖上和储气缸上,应当装有安全阀或防爆安全薄膜,在池子的周围则要修筑排水沟。

(3)出渣或检修时,应用手电筒照明,绝不能携带马灯、蜡烛、煤油灯等入池。严禁在池内吸烟,以防点燃池内残存的沼气,引起爆炸和烧伤事故。

(4)进行池内检修时,应先用鼓风机通风换气,并将小动物送到池内进行实验,确认安全后,人员方可进入,但严禁吸烟和使用明火照明。

(5)火源与沼气池进料口、出料口及池盖位置,应保持一定的安全距离,并不得向池内投入任何无关的杂物。

(6)输气管道各连接部位应严密紧固,对于变质的塑料(胶)管应及时更换。管道系统,还要根据实际情况装设必要的总开关、分开关和水封式回火防止器。

(7)沼气压力过大冲开池盖时,要立即熄灭沼气池附近的烟火。禁止在沼气池导气管口和出料口点火试气,以免回火炸坏沼气池。

(8)应用肥皂水或碱式醋酸铅试纸做试漏试验,发现问题要及时排除。

3. 沼气使用的防火措施

沼气使用应防止爆炸和火灾,重点要做到以下几点:

(1)管路接头要紧固牢靠,室外管路应采取防晒保护措施。灶前压力要保证在20厘米水柱以上,防止回火烧毁设备。严禁用明火检查漏气情况,应使用肥皂水或塑料袋涂抹、封套的方式进行。

(2)使用沼气炉时要先点火后开气,以免沼气大量聚积后猛一点火,发生爆燃引起火灾和烧伤。

(3)点火试验要在输气管安装的沼气炉上进行,点火时应小心,严防产生负压。

(4)在正常使用时,不要在导气管上或进出口料直接点火,要教育小孩千万不要在沼气池边玩火,以免回火引起爆炸。

(5)在沼气炉附近,不要堆放柴草等易燃物品。炉灶与可燃物及可燃构件之间距离应保持1米以上。

(6)由于沼气储压前高后低,供气时开关应先小后大,以防沼气喷燃引起火灾。沼气灯、灶具应远离可燃物。发现漏气应及时关闭气源,通风换气,禁止动火、开关电器。

(7)沼气使用完毕,要关紧开关,嗅到屋内有臭鸡蛋味时,应立即打开窗户,可以在导管接头或开关处用鼻子闻,或用肥皂水检查这些地方有无漏气。若发现漏气时,室内绝不能用明火,并应及时修理、堵漏。

(8)发生火灾,千万不要慌张,应镇定地关闭输气导管,立即切断沼气来源。

(四)天然气防火

天然气是存在于地下岩石储集层中以烃为主体的混合气体的统称,比重约0.65,比空气轻,具有无色、无味、无毒的特性。天然气主要成分是甲烷,另有少量的乙烷、丙烷和丁烷,此外一般有硫化氢、二氧化碳、氮和水汽及少量一氧化碳及微量的稀有气体,如氦和氩等。天然气作为燃料,具有热值高、污染小、价格低、供应可靠等优点,已成为世界清洁燃料的发展方向。天然气在送到最终用户之前,为助于发生泄漏时的发现和检查,一般还要用硫醇等"臭味剂"来给天然气添加气味。

1. 天然气的火灾危险性

(1)地下管道受腐蚀。震动等破损漏气,通过上层或下水管道窜入室内,接触明火而引发火灾。

(2)管道阀门质量不合格或关闭不严,阀杆、丝扣等损坏失灵,操作时误开阀门等都会发生火灾危险。

(3)由于可燃建筑构件、可燃物与金属炉灶或炉筒距离过近而被烤燃。

(4)炉火被风吹灭或被汤水淋熄,未及时关闭阀门使室内空间布满气体而引发火灾。

2. 天然气使用的防火措施

(1)天然气管道不宜埋入地下,最好是架空敷设。管线的安装要由专业人员进行,非专业人员不得乱拉乱接。

（2）管线的阀门必须完整好用,各部位不得泄漏。严禁用其他阀门代替针型阀门。

（3）天然气装导管的两端必须固定牢靠。导管应采用耐油耐压的夹线胶管。

（4）在用户进户管线的适当位置,要设置油水分离器,并定期排放被分离出来的轻质油和水。当发现灶具冒油或冒水时,要立即停火,将油水排出后方可使用。

（5）天然气炉灶及管线要经常检查,发现漏气或闻着气味时,严禁动用明火和开、关电气开关,应迅速打开门窗通风。如自己找不到泄漏点,应立即与供气部门联系检查维修。

（6）使用天然气取暖的火炉、火坑、火墙的烟道要畅通。火如果突然熄灭,应隔几分钟再点火,以防爆炸,金属烟筒口距可燃物不应小于1米,并应装拐脖,防止倒风把炉火吹灭。

（7）天然气管线、阀门的维修,必须在停气时进行。停气、关气时必须事先通知用户。对安装的管线、阀门等应经试压、试漏检验合格后,方可使用。

（8）一旦发生火灾事故,不要惊慌失措。要立即关闭总阀门,并用毛毯、被褥等浸水后进行扑救。也可使用二氧化碳、干粉等灭火器进行扑救,并及时报告消防部门。

照明防火

照明是利用各种光源照亮工作和生活场所或个别物体的措施。我们人类自从学会钻木取火以来,照明经历了从火、油到电的发展历程,照明工具经历过无数的变革,先后出现过火把、动物油灯、植物油灯、蜡烛、煤油灯到白炽灯、日光灯,发展到今天琳琅满目的装饰灯、节能灯等,可以说照明的历史正是人类文明发展的见证。

因照明使用灯火引起的火灾,无论在城市还是在农村都常有发生,有关火灾原因,一般是因为照明设备质量不好,或者是设置和使用不当所致,如1994年12月8日,新疆克拉玛依市友谊馆舞台幕布与照明用的卤钨灯距离过近,结果幕布被烤燃发生火灾,造成325人死亡,132人受伤,死亡者中多数为中小学生。一盏灯能为我们带来光明,也能伤害数百人性命,因此,古人说"火,善用之则为福,不善用之则为祸",在使用灯火照明时应千万注意防火安全。

一、灯火照明的火灾危险性

蜡烛、油灯、汽灯等明火照明的光源本身就是火源,在距离可燃物较近或者使用中不慎翻倒等情况下,就可能造成火灾事故,对此一般常识无需赘述,这里重点介绍一下电气照明灯具的火灾危险性。电气照明灯在使用过程中发生火灾的主要原因大致有以下三个方面:

(一)灯具表面温度过高引燃可燃物

白炽灯、卤钨灯、高压汞灯、高压钠灯等在工作时,其表面都会发热,而且功率越大,连续使用时间越长,温度越高。100瓦的白炽灯在使用时表面温度在200℃以上,400瓦的高压汞灯表面温度在150~250℃之间,1000瓦的卤钨灯玻璃管表面温度在500~800℃。而一般纸张等可燃物的点燃温度(燃点)仅为200~300℃,灯具表面与可燃物接触或靠近,在散热不良时,累积的热量能烤燃可燃物。

(二)灯具的安装不符合安全要求

在爆炸危险场所使用普通灯具,灯具和开关产生的电火花将点燃空气中的爆炸性混合气体或可燃粉尘;灯具或镇流器等发热器件直接固定在可燃物上,长时间烘烤引燃可燃物;可燃吊顶内灯具的配电线路敷设不符合要求,如该穿管的没有穿管、电线连接不实等,当线路发生漏电或接触不良等电气故障时极易起火。

(三)灯具质量不合格或缺乏维护

荧光灯和高压汞灯的镇流器如果制造粗劣、散热条件不好或与灯管配套不合理,或者其他附件发生故障时,其内部升温能破坏线圈的绝缘强度,会形成匝间短路燃烧,如果周围有可燃物,便会引起火灾。

二、灯火照明的防火措施

1. 在室内尽量不要用柴草或禾秆扎成的火把照明。

2. 油灯、蜡烛要放在不易碰倒的地方，要做到人离灯灭。

3. 储存汽油、煤油、酒精、火药等易燃易爆物品的库房里严禁用明火照明。

4. 点燃的油灯、蜡烛以及电灯泡等不要靠近蚊帐、窗帘、门帘、幕布、货物以及其他可燃物。

5. 使用油灯照明时应尽量使用有罩油灯。

6. 蜡烛燃烧时应放在蜡烛台上，没有烛台应放在非燃烧体的物品上，不得放在可燃物上，以免蜡烛倒下或燃尽引发火灾事故。

7. 不要拿着蜡烛、油灯在床底、柜橱内及其他狭小的地方寻找东西。

8. 不要使用大功率电灯泡照明或用灯泡烘烤衣物。

9. 电气灯具以及线路应由专业电工按照相关规定规范敷设。

10. 室外使用电气照明灯时应将灯头固定，以免设备晃动或风吹等使灯泡破裂引起火灾。

吸 烟 防 火

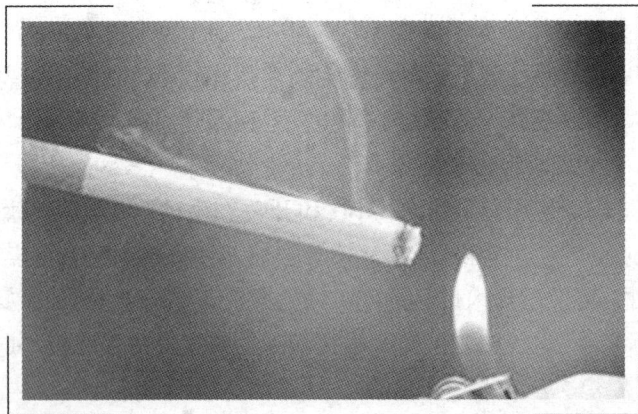

燃着的烟头，表面温度为200℃~300℃，其中心温度为700℃~800℃。一支吸剩下的烟头，一般可延烧1~4分钟，这样高的温度，延烧这么长的时间，接触可燃物很有可能被点燃。同时，抽烟时如用火柴点烟，未熄的火柴梗随手乱扔，也可能引起可燃物着火。此外,未烧尽的烟灰,如果落在干燥、疏松的棉花、海绵等可燃物上,也会引起燃烧。

人们常说:"星星之火,可以燎原。"我国吸烟的总人数在两亿以上,每天扔掉的烟蒂有数亿个,吸烟不慎是引起火灾的常见原因之一。据统计,吸烟引起的火灾占火灾总数的 10% 以上,每年因此而造成的火灾损失有数亿元。如 2013 年 11 月 11 日,北京房山一位 84 岁的老人李某因卧床吸烟导致火灾,不仅自己丧生,还连累他人,楼上家中一对母女被烟熏致死。之后死者的家属告上法庭,法院判决,由老人的四个儿子在继承老人的遗产范围内赔付原告 175 万元。

一、吸烟造成火灾的原因

吸烟引起火灾,一般是在如下几种情况下发生的:

1. 躺在床上或沙发上抽烟,尤其是在喝醉了酒,或在极度疲乏时,烟未吸完,人已入睡,烟头引着被褥等可燃物。这类原因引起的火灾,还常酿成吸烟者人身伤亡事故。

2. 点着的烟随手乱放,烟蒂到处乱扔;随处乱磕烟灰;或者一面叼着烟,一面干活,烟灰落在可燃物上。

3. 人离开将未完全熄灭的烟头放置在可燃物上。

4. 违反规定,在严禁烟火的场所吸烟,特别是在有危险物品的地方吸烟,更易引起火灾、爆炸事故。

5. 烟头被风吹落。未熄灭的烟头放在床边或烟灰缸边上,当遇风极易被吹落而滚落到可燃物上。

6. 火柴、打火机等用于吸烟的点火工具使用不当。

二、吸烟的防火措施

吸烟应不忘安全,禁止吸烟的场所应设置醒目的禁烟标志,允许吸烟的场所应有安全管理措施。作为吸烟者更应注意:

1. 自觉遵守安全制度,严禁在一切禁火区内吸烟。

2. 纠正不良的吸烟习惯,如不准在床上或沙发上吸烟,不准在劳动和寻物时吸烟,不准乱丢烟头和火柴梗、乱磕烟灰。

3. 不要躺在床上、沙发上吸烟或酒后吸烟。

4. 有吸烟习惯的卧床老人、病人、醉酒的人,应有人照看。

5. 吸烟时,如临时有其他事情,应将烟头熄灭后方可离开。

6. 划过的火柴梗、吸剩的烟头,一定要弄熄;未熄的火柴梗、烟头要放进烟灰缸或痰盂内。

7. 不可用纸卷、火柴盒、烟盒当烟灰缸,不可把烟头、火柴梗扔进纸篓、垃圾桶里,更不可随处乱丢。

8. 禁止在大风天到室外或野外吸烟,不准带火柴、打火机等火种进入山林。

总之,为了安全,最好应彻底戒烟,不仅减少火灾发生,也有利于自己和他人身体健康。

取暖防火

冬季气温低,为了舒适人们都想尽办法提高室内温度,但取暖带来的防火问题往往被人们所忽视。如2014年1月11日1时10分许,云南省迪庆藏族自治州香格里拉县独克宗古城"如意客栈"经营者唐某,在卧室内使用取暖器不当,引燃可燃物引发火灾,造成财产损失近亿元。此次火灾过火面积约1平方公里,整个独克宗古城的面积1.5平方公里,也就是说三分之二的古城都被烧毁了。从以往情况来看,室内取暖失火多数是由于人们的粗心大意造成的。以下是几种常见方式取暖防火的注意事项,供大家借鉴。

一、火炉取暖

使用火炉取暖,应注意以下事项:

1. 火炉的安置应稳固,不易倾倒或被碰翻。

2. 火炉应与易燃的被褥以及家具等保持安全距离。

3. 火炉应有防止衣服或头发被燃着的防护措施。

4. 如果在火炉旁烘烤衣物等要有人看管。

5. 火炉旁不要存放其他易燃易爆物品。

6. 为火炉生火时不要使用煤油、汽油助燃。

7. 炉内掏出的未熄灭的炉灰渣要倒在安全地方。

8. 使用燃气炉具要防止燃气泄漏,使用完毕应关闭气源。

二、电热取暖器取暖

安全使用电热取暖器,应注意以下事项:

1. 电热取暖器应放在不易碰触的地方,如墙角或靠墙处,背面离墙 20 厘米左右,并远离可燃烧物。

2. 电热取暖器不要直接置于电源插座下面。

3. 不要让水和其他液体淋在取暖器上,否则会造成电热元件损坏、短路和漏电。

4. 电热取暖器的电源插头在使用时才插入插座,不用或外出时切记要拔出。

5. 辐射型加热器,如红外石英管取暖器、红外卤素管取暖器和红外反射式取暖器(又称"小太阳"),通常都带有反射罩,清洗反射罩前,必须将电源插头从电源插座中拔出。

6. 不要在浴缸、喷头或游泳池的四周使用便携式取暖器。

7. 使用电热取暖器要注意阅读安全使用要求,不乱拆卸。

8. 电热取暖器使用完毕或人离开时,要及时关闭电源。

三、电热毯取暖

安全使用电热毯,应注意以下事项:

1. 购买的电热毯应有质量检测合格标志,不要使用伪劣产品。

2. 电热毯使用时要在上面铺一层毛毯或床单,不要与人体直接接触,避免发生触电等安全事故。

3. 电热毯使用时,不应长时间设定在高温档,以免过热和持续高温影响产品寿命。

3. 电热毯不宜折叠使用,以免热量集中,温度过高,造成局部过热而烧坏电热线的绝缘面,发生火灾事故。

4. 入睡时要关掉电热毯电源,不用时一定要切断电源。

驱蚊防火

　　夏天,在室内点上一盘蚊香,有良好的驱蚊效果。但是点燃蚊香也是一种火源,使用不当,也能酿成火灾。

　　蚊香,以除虫菊等药用植物为主要原料,经过研磨、调配、挤压成型、干燥等工序加工而成。点着的蚊香虽不产生火焰,但有很强的阴燃性能,燃烧速度缓慢,一盘蚊香可以燃上几个小时。蚊香燃烧时有700℃左右的高温,如碰到蚊帐、窗帘、毯子、草席等就能点燃。如果燃烧的地方人已离开,或者人正熟睡,未能及时发觉起火,就会酿成火灾。这样的事故各地时有发生。如2000年6月4日凌晨,福建省厦门市一家电气公司因点蚊香发生重大火灾,致使睡在公司通电检验室内的8名女工中毒窒息死亡;又如2001年6月5日零时15分,江西省南昌市某幼儿园因点蚊香发生特大火灾,共造成13名儿童死亡,起火的直接原因是孩子睡觉时将被子蹬落在蚊香上,但显然造成严重后果的根本原因是蚊香放置位置不当,值班人员消防管理、巡查不到位。

　　燃蚊香有效防止火灾的唯一要点,就是让蚊香的火源远离可燃物,具体说来应注意以下事项:

　　1. 要将蚊香固定在不燃的支架上,最好将其置于磁盘或金属器皿内,切忌将点着的蚊香直接放置在纸盒、纸板等易燃、可燃物品上面。

2. 要将其放在醒目的地面上,既能防止有火灾危险时不被及时发现,也可防止蚊香被动物碰落到可燃物上。

3. 房间内人员离开前,一定要先把蚊香熄灭掉,防止发生意外。

4. 不要让孩子或年纪过大老人去燃蚊香,防止点燃过程中玩火或遗留火柴梗等火种造成火灾。

5. 不要将蚊香摆放在靠近蚊帐、窗帘、床单和衣服等可燃物的地方,以防因为刮风或孩子睡觉时将床上物品蹬落到蚊香上,长时间接触被烤着。

此外,在农村,还有用燃烧杂草等方法作为驱蚊手段的。用这种方法驱蚊,使用的可燃物多,火点大,更应注意防火。如在牲畜棚点火熏蚊虫,还应防止火星飞扬。

香烛防火

我国的民俗,向老人祝寿要点燃"寿烛",操办丧事,祭奠亡灵,也要点烛烧香。点燃的蜡烛靠近花圈、寿幛等可燃物,或者是蜡烛燃尽,烛油四处流淌。焚烧纸钱等物品时,由于空气对流,焚烧点出现小范围旋风,把正在燃烧的纸钱等旋转起来。这种到处飘扬的火星,极易引起火灾。一户居民点烛不小心,还可能酿成大火,殃及四邻,造成多人伤亡的严重后果。如2004年2月15日下午2点15分,浙江海宁市黄湾镇五丰村发生特大火灾,造成39人死亡,另有4人受伤。事后查明,火灾发生当天,当地一些老年村民在自行用茅草、竹子等易燃品搭建的一间不足60平方米的草棚内,搞迷信活动,点烛烧香不慎失火导致草棚坍塌燃烧。

为了防止点燃的香烛引发火灾,应注意以下事项:

1. 提倡普及科学与消防知识,大力破除迷信活动。

2. 在狭小房间、野外山林、靠近草堆等有可燃物的地方,绝对不可焚烧物品。

3. 点燃的香烛要固定,要远离可燃物。

4. 香纸或蜡烛燃烧时,要有人在场看管。香烛快燃尽,应及时将火熄灭。

5. 凡寺庙、道观等场所,如果进行点烛、烧香等宗教活动,也应有固定的地点,注意防火安全,要有专人管理,切不要在非指定地方点燃。

第五章　日常作业防火

打场作业防火

　　打场,是指把收割下来带壳的农作物集中起来,用大牲口拉碌子或者用小型拖拉机、脱粒机等使之脱去外壳,这一过程就叫打场。打谷场或打麦场,又称场院,是农村收获季节,粮油作物集中进行脱粒、晾晒、扬场和临时堆放的地方。稍有不慎,火魔就会悄然登场,将已经到手的丰收果实毁于一旦。如 2015 年 3 月 8 日 18 时许,甘肃省定西市陇西县云田镇三十铺村唐家寺社一打谷场发生严重火灾,由于天干物燥,近 30 个谷堆全都着火,整个打谷场一片火海,损失惨重。做好作物打场的防火工作,是保证已经收获的粮食、油料等颗粒归仓的一个重要环节。

一、打场的火灾危险性

打谷场、打麦场是农村火灾多发的部位,每年收获季节,这类火灾常常发生,损失严重。打谷场或打麦场的火灾危险,主要有以下几个方面:

1. 每逢收获季节,稻谷、麦子、油菜等粮油作物,往往连同茎叶一起收割,集中放在打谷场或打麦场上。堆积如山,简直同草料场差不多。这些粮油作物的茎叶已经干枯,含水分较少。特别是小麦、大麦等旱地作物尤其如此,遇到小的火星也能引起火灾。各种作物打场中,以打麦场的火灾危险为最大。

2. 场地上堆积的粮油作物,为了便于脱粒,都是临时散堆,并不像草料场那样对堆垛的大小、间距有严格的要求;有的还要摊开晾晒,有的甚至平摊在场上进行碾压脱粒。松散的可燃物遍地皆是,如果不慎起火,势必火烧一片,不可收拾。

3. 由于打场使用的机械、电气设备不少,进出的人员、车辆也比较多,因此,能够引起火灾的火源也比较多。稍有不慎,就有可能发生火灾。

4. 打场地处乡村,远离城镇的公安消防队,灭火器材缺乏,因此,在发生火灾时,往往难以有效施救。

二、打场常见的火灾原因

打场常见的火灾原因有:

1. 场上的拖拉机、柴油机喷出火星引燃作物秸秆。

2. 电气设备和线路安装或使用不当、绝缘损坏、接触不良等产生电火花,引燃碎草等起火。

3. 脱粒机械被稻草、麦草缠绕,摩擦发热起火。

4. 吸烟的人乱丢烟头、火柴梗引起火灾。

5. 邻近住户、工厂烟囱飞火或发生火灾延烧导致。

6. 有的在公路上设置晾晒场,被过往车辆喷出火星引燃。

7. 小孩玩火引发火灾。

8. 人为蓄意放火引发火灾。

三、打场的防火安全措施

(一)堆垛防火措施

打谷场或打麦场的位置和场内堆垛,必须合理布置。

1. 场地的位置,应选择在村寨的边缘,当地主要收获季节的上风或侧风方向,并靠近河流、池塘、机井等有水源的地方。

2. 场地的规模大小应视脱谷数量多少确定。但占地面积不宜超过 1000 平方米;如超过时应分开设置,场与场之间不应小于 25 米。

3. 场地与周围的建筑、铁路等应保持一定的防火安全距离。一般情况下,距建筑物不应小于 25 米;距铁路不应小于 30 米;距公路不应小于 15 米(严禁在公路上晾晒作物或打场);距电力变压器不应小于 20 米。

4. 为了加强护场值班和便于打场人员休息,大的场地一般都设有值班看场的房屋,或者叫更房。特别是北方天气寒冷时,在值班房内生火取暖,往往因用火不慎或现场人员吸烟不慎,引起火灾,扩大到整个场院。因此,护场值班的房屋,不可用易燃可燃材料搭建。烟筒应安装防火帽,用火要适当,大风天不能用火。用火时要有专人看管,人走火熄。护场房距离场内堆垛不应小于 25 米,且应位于场院的下风方向或侧风方向。

5. 场地上已收割的庄稼,宜顶着风向堆在场地的两侧。堆垛不宜过大、过高、过密,要留出一定的防火间距。已经脱粒的秸秆要及时移到场外,另选安全的地方堆放,不宜堆放在未脱粒的庄稼的上风方向;如一时搬运不出去,应与未打过场的庄稼堆垛等保持合理的间距。这样,既有利于防火,又有利于打场和安装机械设备。

(二)电气和机械设备防火措施

谷场或打麦场的电气和机械设备,应注意以下防火要求:

1. 打场使用的电线,不管是动力线还是照明线,绝缘都要良好。架接电线要有专职电工负责,非电工人员不得随意架接电线,严禁乱拉乱接电线。场内的电线如采用地埋线,不得用普通电线直埋,必须用绝缘导线穿管敷设,地埋线的深度,应根据当地冻土层和耕种深度而定。以采用绝缘导线固定架空敷设为宜,但架空线下方不准堆放庄稼或粮食。如采用橡套电缆,应设支架,不宜在地上拖拉。

2. 打场的电气开关宜采用铁壳开关,也可用闸刀开关,但应设在开关箱内,安装牢固,零件完好。开关里的熔断丝应和线路负载匹配,不得用铜、铁丝代替。

3. 打场使用的照明灯具应有防雨措施,灯具挂放要牢固,远离庄稼或粮草堆垛。场内不宜使用温度很高的碘钨灯,如必须使用,与堆垛的距离不得小于 3 米,严禁在灯具下方堆垛可燃物。没有通电的地方,为防止发生意外,只准采用安全提灯照明。

4. 打场最好采用防滴型或封闭型的电动机;如采用普通电动机应加罩壳防护。防滴型电动机能防止垂直下落的雨水或固体直接进入电动机内部,比较安全。封闭型电动机能防尘、防潮、防腐蚀,适用于多尘和水土飞溅的场所。所以,这种电动机很适用于打场使用。安装和使用电动机,必须符合有关要求,电源线路绝缘和电动机壳接地都要安全,电动机上的灰尘要经常清扫,保持清洁。

5. 使用拖拉机、柴油机时,事先要在拖拉机和柴油机的排气管上装上防火罩,凡不符合防火要求的,应及时更换,防止喷出火星引起火灾。

6. 脱粒机械各部件要保持润滑,要及时清除轴承上缠绕的秸秆或稻草,防止摩擦产生高热,引燃周围的可燃物蔓延成灾。

(三)其他防火措施

1. 加强消防管理教育。在收获季节,每个场院要有专人负责,开展防火宣传,堵塞火灾漏洞。对电工、驾驶员和其他参加打场的人员进行专门的防火安全教育。

2. 在打场内,严禁吸烟、弄火,吸烟要有指定地点,有条件的可在场内、场外设置醒目的禁烟禁火标志;在打场内严禁发动拖拉机,发动拖拉机应在场外下风方向安全地点进行,并有专人防护,事后要清扫现场,防止留下余火;冬季,不得在场使用明火烘烤拖拉机。

3. 打场附近严禁存放各种油品,临时用油要妥善保管。不准在设备运转时加油作业。

4. 要有专人负责护场值班。进行防火检查与巡查,及时发现并消除各类火灾隐患,采取应对措施,制止可能引发火灾的危险行为。

5. 做好灭火相关准备。主要有:

(1)打场时,应备有灭火用水和通用灭火工具,如水桶、铁锹、二齿钩、草袋、水缸、砂子、麻袋;灭火工具应放在取用方便的地方。

(2)现场如没有电话,应在固定地点放置手机以及钟、锣等简易报警设备,发现着火,及时呼叫或敲打发出警报。

(3)打场失火,应迅速组织力量积极进行扑救,力争把火灾扑灭在初起阶段。如火势蔓延扩大,应首先控制火势,注意保护和疏散周围的粮食,下风方向应派专人严密看守,及时扑灭飞火。

(4)在扑灭堆垛表面火焰之后,要及时把堆垛翻开,彻底消除残火,防止复燃。

农机作业防火

　　随着农业现代化发展步伐的加快,农业机械已成为农村较为普及的机械设备,不仅是农民种地的重要工具和帮手,也是价值较高的生产资料。农机发生火灾,不仅可能造成较大的经济损失,还会对农作带来一定的不利影响。如 2014 年 6 月 9日、10 日两天内,在江苏省盐城市阜宁县古河镇麦地内收割麦子的 3 台收割机先后起火,不仅 3 部机器被烧毁,还殃及了农户的几十亩麦子。农业机械的使用,应注意以下防火事项:

　　1. 农业机械驾驶操作人员必须经过农机管理部门培训,取得执照后方可进行驾驶和操作。

　　2. 使用前应仔细检修、维修农业机械,农机应定时进行检查保养,发动机和燃油箱必须保持清洁,擦拭油垢时不准使用汽油。检查时严禁使用明火检修清洗零件,应禁止吸烟、动火;清洗工作结束后,应及时将废液放入带盖油桶内,并送油库保管。

　　3. 为防止机车排气管喷火,应对喷油嘴和高压油泵以及空气滤清器、排气管燃油经常检查、维修、更换,并配置安全防火罩,作业时不能超负荷运行。

　　4. 经常检修脱粒机输送带张紧度和各零部件的坚固情况,按规定向各轴承部位注润滑油,及时清除轴承处缠绕的茎秆杂物,避免机械摩擦过热,以免引起火灾。

5. 排除场上机械故障,应移到场外安全地点进行;维修不易挪动的大型机械,应先清除机体周围的可燃物;电焊时要加防护板,并设专人监护,保证安全。

6. 夜间作业或维修、加油时,应佩戴手电或车上工作灯,严禁用明火照明;加注燃料时,不能使用塑料桶盛装汽油、柴油直接向油箱加注。

7. 电器设备要经常检查有无损坏;导线附近不能有油污,蓄电池应有良好的防护设备,以防短路电弧。

8. 机车收割作业一段时间后,应及时加油加水,并对发动机高温部位进行检查。

9. 联合收割机进入田间收割作业时,必须配备必要的灭火器材。

10. 无论什么季节,农机启动时,均不准用明火烤车;夜间作业要有良好的照明设备;长期停放时,应将油箱的燃油放净,蓄电池应摘除存放。

焊割作业防火

焊割,一般指金属焊接与切割。焊接,也称作熔接,是一种以加热、高温或者高压的方式接合金属的制造工艺及技术。焊接的能量来源有很多种,包括气体焰、电弧等。金属切割最常用的方法是气割,就是用氧-乙炔(或其他可燃气体)火焰产生的热能对金属的切割。气割所用的可燃气体主要是乙炔、液化石油气和氢气。

一、焊割作业的火灾危险性

焊割(包括电焊、气焊、气割)时会产生数千摄氏度的高温,且有大量的火花喷出和灼热的铁屑飞溅,尤其是在基建工地、临时场所及非专用房间内进行电焊时,飞散的火星如落在可燃物上很容易引发火灾;金属构件经过焊割后温度很高,即使经过一段时间,仍有可能引燃周围的可燃物,若焊割后不待冷却就随便存放,也会引起可燃物燃烧;焊割时产生的高热能通过金属构件传导到另一端,可引起金属构件另一端的可燃物发生燃烧;电焊机的接地回线由于连接处有较大电阻,能产生高热,或在引弧时由于冲击电流的作用会产生火花,也可能引燃可燃物。如 2000 年12 月 25 日晚,位于洛阳市老城区的东都商厦的地下一层,工人们正紧张忙碌地进行室内装修,商厦顶层 4 楼开设的一个歌舞厅正在营业之中。就在大家沉醉于圣诞节的欢乐之时,几簇小小的电焊火花从正在装修的地下室烧起,火势和浓烟顺着楼梯直逼顶层歌舞厅,最终酿成了特大火难,夺走了 309 条生命。

二、焊割作业的防火措施

焊割作业的火灾防范重点是要清除危险范围内的可燃物。焊割作业的主要防火措施有:

1. 在进行焊割作业前,凡火星可能溅到的地方都不可有可燃物。在可燃物品附近焊接时,必须距离 5 米以外;有的可燃物难以搬走的,则应用铁板、石棉板等不燃物加以遮盖。如条件允许,也可用喷水来冷却。

2. 有的焊接工件背面、夹层内,有保温材料、隔音材料、装饰贴面等可燃物,对这些东西必须清除干净后才能进行焊割。

3. 有的管道在穿过墙壁时要通过保温层等可燃物,如对墙外管道进行焊割,也会引起墙内可燃物燃烧。因此,在进行这类作业时,务必要采取冷却措施,一面焊割,一面浇水,以防热量通过管道传导引起火灾。

4. 在露天焊割必须设置挡风装置,以免火星飞溅引起火灾。

5. 高空焊割作业时,作业下方须放置遮盖板或防火斗,以防火星落下引起火灾或灼伤他人。

6. 焊割作业完毕,一定要注意检查现场,查看是否有火星掉进可燃物中,是否有冒烟、散发焦煳味等异常现象,检查确无问题,人员方可离去。

油漆作业防火

　　曾有这样一个火灾案例：一名青年为布置新房，在油漆完房间之后，坐下来点火抽烟。刚划着火，突然"轰"的一声，满屋都着了火。新房被烧毁，青年本人也被严重烧伤。灾难降临就在一瞬间，那么出事的原因是什么呢？

　　这是由于油漆引起的。要了解其中的原因，首先应分析一下油漆的性质。以往人们所用的油漆是由桐油、天然生漆作为基本原料，加上颜料来涂刷家具等，这是名副其实的"油漆"。现代的油漆，既不是"油"，又不是"漆"，而是用化学物品制成的，大都属于易燃易爆物品。油漆中含有多种有机溶剂，如醋酸丁醋、丙酮、甲苯等。调和油漆的稀释剂（俗称"稀料"），如松香水、香蕉水等，均为易燃液体。油漆喷涂后，与空气的接触面增大，溶剂很快挥发，故在喷涂油漆的场所，常有一股刺鼻的气味，这就是溶剂的蒸气。1升油漆会挥发出100多升可燃气体，可组成几千升爆炸性混合气体。溶剂气体比空气沉，不易散发，尤其在封闭的房间和船舱里更不易逸散。

一、油漆作业的火灾危险性

　　1. 油漆作业时使用易燃液体作溶剂时，容易产生大量可燃液体蒸气挥发，并与空气混合形成爆炸性混合物，通风不好遇到明火或火星会发生爆燃或爆炸。

2. 在使用油漆场所违章吸烟或使用打火机,冬季在油漆作业中,违章使用火炉取暖或是提高油漆作业场所的环境温度来加快油漆干燥速度,容易引起火灾。

3. 油漆涂件烘烤中,使用有电阻丝外露的电烘箱或有明火的烘房,油漆本身是可燃物,有的加入易燃液体稀释,能引起被烘油漆的燃烧或电烘箱、烘烤房爆炸。

4. 在油漆场所违章进行焊、割作业,喷漆车间的设备和线路不防爆,违章使用大功率灯泡烘烤漆件,都容易引起燃烧或爆炸。

5. 喷漆设备没有静电接地装置,或在静电喷漆中喷枪距涂漆太近,会产生静电火花引燃喷漆,发生火灾。

6. 沾有油漆的布、棉纱、手套、工作服保管不好,在通风不良时,长时间氧化发热积聚,达到自燃点,会发生自燃。硝基清漆在有机溶剂挥发掉之后,留下的干硝化棉残渣,若不经常打扫清除,也会引起燃烧。

二、油漆作业的防火措施

在喷涂油漆施工中,必须注意以下事项:

1. 保证现场空气流通,在船舱等处可采取强制通风的办法,防止溶剂蒸气的聚集引起火灾或爆炸。

2. 禁止任何明火,尤其禁止使用明火烘烤或加热油漆。

3. 大面积的喷涂场所,应采用防爆电气设备,喷枪要有良好的接地装置。

4. 工场间存放的油漆等数量不宜过多,一般不要超过一个班次的使用量。

5. 在不影响质量的前提下,可在喷涂现场洒水,以增加室内的空气湿度,也能减少静电的积聚。

6. 禁止穿着化纤衣物进入施工现场,防止静电火花。

7. 禁止在油漆施工现场进行其他作业,如电焊、切割以及可能造成铁器撞击、物品剧烈摩擦等。

8. 浸有油漆、涂料的破布、纱团、手套等,应及时清理,不能随意堆放,防止因化学反应生热自燃。

加油作业防火

　　随着市场经济建设的不断加快,农机以及汽车日益普及,对加油的需求越来越大。一些乡镇为追求自身利益和发展,纷纷设立加油站点,有条件的将加油点改为加油站等,已有的加油站的业主也不断扩大加油站的规模和级别,而对建设改造过程中的消防安全却忽视了,结果留下了许多火灾隐患,稍有疏忽就有可能发生爆炸事故,造成重大人员伤亡和财产损失,给家庭和社会带来不幸。如2014年2月14日上午9时30分许,青岛市山东路35号附近一家加油站,一辆正在加油的轿车突然着火,由于扑救及时,所幸没有造成较大的损失。据了解,这是因为油箱附近的油气被人体携带的静电引燃。加油站工作人员分析认为,现场人们身上的毛料衣服、金属饰品等,都可能产生静电,另外一些女司机梳理长发时也易产生静电。

一、加油站(点)的火灾危险性

(一)工程建设不规范

　　许多农村加油站的前身属各乡镇农机站的下属单位,建站较早,在建加油站时基本上未经消防审核和验收,导致存在着一些火灾隐患。加油站建设改造未经有资质部门设计,未将消防设计图纸报送当地公安消防机构审核,擅自施工,导致平面布局不合理,防火间距不足,造成先天隐患。

（二）电气设置不规范

很多加油站的营业室及值班室内的照明线路不按要求敷设,不使用防爆灯具、防爆开关。有的加油站虽然在建设时采用了防爆电气,但后期管理上不严格按照要求使用,私自乱接乱拉电线导致防爆电气失去了应有的作用。

（三）装卸作业不规范

部分加油站工作人员在加油站卸油时,向机动车内加油或卸油时不连接接卸静电导除装备,有的卸油时干脆无人留守看管,致使加油站险象环生。

（四）加油作业不规范

一些加油站服务人员违反安全规定给塑料桶（瓶）加油。用油枪往塑料桶（瓶）内加油,汽油在塑料桶内流动摩擦会产生静电,塑料桶为电绝缘物不能及时地将静电导除,因而会造成静电积聚。当静电压和桶内的油蒸汽达到一定值时,就会引发爆炸。另外,由于加油人员更换较快,部分加油人员未掌握灭火器材的使用方法和安全操作规程,存在冒险违规作业现象。

（五）消防管理不规范

有的加油站经营者只顾追求眼前利益,而忽视长远利益及其社会、环境等方面的综合效益,对加油站的消防安全资金投入较少,很多单位的灭火器要么配置不足,要么年久失修而失去功效。防火责任制落实不到位,人员培训不到位,消防设施不到位。少数加油人员或机动车驾驶人员甚至在加油站内随便吸烟、拨打或接听电话,现场消防安全长期处于无人管理过问的无序状态。

二、加油站（点）的防火措施

1. 加油站的责任人、管理人及服务员必须认真学习有关消防法律法规,了解加油站经营物品的物理、化学性质。

2. 应将建设改造方案送设计部门进行消防设计,并将设计图纸报送公安消防机构审核,不得擅自施工和不按规范施工。消防监督机构要严格按规范要求进行审核,保证在设计、审核、建设阶段不留下先天性的火灾隐患。

3. 按照"谁主管,谁负责"的原则,落实防火责任制,层层落实责任人,并与施工队伍在合同中明确各方的消防安全责任,保证工程质量。

4. 严禁乱拉乱接电线,严格动火审批手续,落实防雷、防静电、防爆措施。在自助加油站加油时,加油机带有静电接地的防护措施,司机可以在加油之前,通过触摸加油机的金属面板来释放静电。

5. 加强员工消防培训,增强对消防工作重要性、必要性的认识,提高他们的自身安全意识和自觉遵守有关规定的意识,自觉抵制违章操作现象。

6. 严格按照加油站操作规程操作,杜绝违规违章现象的发生,确保加油站安全。

7. 加大对消防安全的投入,配置必需的消防器材。

8. 制订灭火和应急疏散预案,并定期实施演练,及时扑救火灾事故,防止造成重大危害。

第六章 物资储存防火

粮食储存防火

　　粮食仓库是用来储存粮食作物和油料作物的场所,一般分为室内仓库和露天仓库两种。由于粮食是可燃物资,无论哪种形式的仓库,都有着一定的火灾危险性。如2013年5月31日13时16分,黑龙江中储粮总公司林甸直属库发生火灾,5万吨粮食变火焰山,火灾直接损失共约308万元。该直属库坐落在林甸县花园乡,事故发生时储粮总量14万吨。火灾中共有78个储粮囤表面过火,其中玉米囤60个,储量3.4万吨;水稻囤18个,储量1.3万吨。粮食在储存过程中发生火灾,火烧、烟熏以及灭火水渍会造成粮食大量损耗,会导致实际上的不增产或减产,因此必须切实加强粮食仓库的安全防火工作。

一、粮食储存的火灾危险性

1. 粮食由于含有大量的糖类、脂肪、纤维素,容易燃烧。

2. 水分较大的粮食在贮存过程中发生霉烂,粮食自身和微生物不断进行的呼吸作用导致热量积聚,温度升高,加之通风不良,发生自燃。

3. 储存粮食时,由于大量使用垫木、芦席、油布、麻袋等可燃材料,从而增加了粮仓的火灾危险。

4. 粮食仓库布局不合理导致火灾。如库房、露天堆场、堆垛毗邻生产或生活用火部位等。

5. 粮食烘干时,由于多采用明火作业,若温度控制不当,可能会引起火灾。

6. 用于杀虫、灭鼠或化验用的易燃、易爆物品,使用或保管不当导致火灾。

7. 用机械化、半机械化设备装卸粮食时,电气设备、搬运与装卸设备发生故障打出火花引起火灾。

8. 对来往粮库的人员、车辆管理不严,带进火种引发火灾。

9. 人为纵火造成火灾。

二、粮食储存的防火措施

(一)正确选择库址,合理布置库房

1. 粮库宜选在靠近城镇的边缘,靠近水源,不宜靠近易燃易爆仓库和工厂的附近。

2. 粮库应根据使用性质的不同而划分为储粮区、烘干区、加工区、器材区、化学药品储存区和办公生活区等,以防火灾大面积蔓延。各区之间必须设置防火间距、消防车道。

3. 库区内不可到处乱放易燃、可燃材料,库房外堆垛内不留杂草、垃圾。

4. 库房上空不得架设电线,不得在库区内设置变压器。库区内应设置良好的防雷击设施。

5. 粮食仓库应单独建造,麻袋、木材、油布等应分类、分堆储存。库房与库房之间宜保持10~14米的间距,土圆仓之间保持4米以上的间距。

6. 露天、半露天堆垛与建筑物之间应保持一定的防火间距,一般不应小于20米。

(二)加强消防管理,完善消防设施

1. 随时监测粮仓的温度、湿度。一旦发现异常升温,立即采用通风散热或翻仓处理等措施。

2. 库区内严禁一切火种,不得动用明火和采用碘钨灯、日光灯照明。下班或作业结束后,必须切断仓库内的电源。

3. 烘干粮食时,操作人员要严格按照烘干机的操作规程操作,发现异常现象要及时检修。粮食进入烘干机前,要彻底清除草、纸、木块等易燃物。烘烤温度、烘烤时间应严格控制。使用火炉烘干机烘干粮食时,要防止过热,停机后需留专人照看,熄灭残火。进入冷却塔的烘干粮食,要严格控制温度,以防积热引起火灾。

4. 使用圆筒仓储存粮食时,应注意以下事项:

(1)仓顶应采取防爆泄压设施,以防止粉尘爆炸时,不致破坏筒体。产生大量粉尘的空间要设置高效集尘装置,该装置应独立布置或用防火墙加以围护。在有粉尘爆炸危险的部位,禁止明火作业和其他火种。

(2)仓内应采用防爆型或封闭型电气设备,仓库需设置良好的避雷设施。

(3)粮食处理设备和贮仓应密封,螺旋输送机上宜设置阻火闸门、门吸、皮带输送机上应安装吸铁和网格装置,以除去铁钉、石子,提升机和刮片输送机上要防止被阻塞而摩擦生热引起燃烧。

(4)粮食进入仓前的传送带应采用不燃烧体或难燃烧体建造,禁止使用日光灯照明。

(5)动用明火检修时,应事先彻底消除粉尘并制定严密防范措施。

(6)设置温度计、湿度计,随时监测温湿度;粮食作业区的室内温度应控制在40℃以内,湿度在70%以上。

(7)定期做好仓库除尘工作,除尘设备应有安全防火措施。

5. 库区应设消防水池,有足够的消防用水,并配备合适的消防器材。

(三)规范操作程序,确保杀虫安全

1. 使用磷化铝试剂时,应先在库外开启瓶盖。投药时,投药点要分散,使磷化氢气体能均匀迅速扩散。磷化铝试剂应盛放在不燃材料器皿里,药片不得重叠放置。并在阴凉干燥处密闭保存,切忌与水接触。

2. 使用磷化锌试剂时,不论用投袋法或饼投法,都必须严格控制重量配比以及硫酸和水的混合液的温度,夏季控制在40℃以内,冬季控制在50℃以内。

3. 使用环氧乙烷做试剂时,应禁止明火,严防一切火种。投药点要均匀分散,一般使用1份环氧乙烷与9份二氧化碳的混合气体较为安全。

棉花收储防火

　　棉花是社会经济发展及人民生活的重要资源,是关系到国计民生的战略物资。近年来,棉花储存、加工企业在生产过程中,由于设备各运转部件的摩擦、空气中尘绒的飘散以及企业生产环节中出现的问题,极易引起火灾。如2012年5月7日17时许,新疆石河子某棉业公司发生火灾,起火原因是厂内员工在清扫垃圾堆火种时方法不当,大风将垃圾堆火种吹入皮棉堆垛区引发火灾,火势迅速蔓延,以致经过近20个小时的扑救才彻底施救完毕,造成直接财产损失1200余万元。因此,从事相关行业的人员和产棉区的群众有必要了解掌握此类火灾的预防和控制措施。

一、棉花室外堆存的火灾危险性

（一）存放体量大、价值高

　　室外仓库的露天堆场,因不受库房空间限制,堆垛比较高大。如棉花堆垛长20~40米,宽10~30米,垛高10米左右,有时垛高有几十米;每垛的储量一般都超过几万公斤。

（二）堆垛密度大,间距小

　　棉花储量因季节变化而变化,储量多时堆垛密集。在露天堆场内,堆垛的密度都在70%左右,有的甚至达到80%。堆垛间距较小,大部分达不到规定的防火要求。

(三)堆存不规范,散料多

露天堆垛一般设置不规则,有的堆场纵横交错,有的在大堆垛之间又设小堆垛,或者原料进库后长期散堆而不及时归垛,堆垛与堆垛之间通道较窄,发生火灾后堆垛坍塌,连成一片,不仅火势燃烧猛烈,而且蔓延速度快,并造成消防通道堵塞,使消防车辆和救援人员不便抵近作战。

二、棉花火灾的特点

(一)燃烧猛烈,蔓延速度快

棉花的燃烧速度为木材的16~25倍,一旦着火瞬间即可扩大成片。由于棉花过于密集,空间密闭性强,一旦发生火灾,温度迅速升高,物质分解出气体的速度不断加快,燃烧强度急剧增大,很快进入燃烧的猛烈阶段。再加上堆垛间距较小,大量的新鲜空气进入,会使火势迅速扩大,易形成大面积燃烧。

(二)容易自燃,燃烧热值高

棉花中含有大量的微生物,当棉花的含水率超过10%时,如通风不良,天气闷热,微生物就会大量繁殖,并产生热量,最后导致自燃。棉花燃烧的热值约为17000千焦/千克,火焰温度可达1500℃。

(三)析出气体,对人危害大

棉花燃烧时,会产生大量有害气体。棉花仓库内部发生火灾,可燃物不能够完全燃烧,会产生大量的烟雾及有毒气体,使人无法辨认方向,而且烟气中的高温让人难以忍受,毒气和缺氧使人无法呼吸,并且能见度低。

(四)产生飞火,形成多火点

棉花仓库或堆垛发生火灾后,火势一旦突破屋面或堆垛出现坍塌后,由于燃烧区和周围环境温差较大,形成强烈的空气对流,有些尚未燃尽的棉花会借助热对流形成的动力飘向空中,产生大量飞火,出现多处新的火点。如果遇到大风天气更为严重,对下风向棉花堆垛和可燃物威胁较大,若不及时采取有效措施,将会造成火势的迅速扩大蔓延。

(五)内部阴燃,灭火难度大

棉花具有相当大的孔隙度,即使打得很紧的棉花包,由于棉纤维是一种管状纤维,它的管腔内和棉纤维之间仍存在着一定的孔隙,就是这些孔隙中的空气,使阴燃得以在棉花包内部进行。仓库内可燃物堆垛发生火灾时,最初仅在表面燃烧和蔓延,但很快会沿着堆垛的缝隙向内部纵深发展,在扑救过程中,时间持续较长,耗费大量灭火剂。如棉花仓库堆垛火灾中火焰钻心的速度非常快,并且向纵深发展。棉包燃烧后会很快崩裂扩散,引起建筑构件垮塌,在水平蔓延的同时,又会引燃其他堆垛。

三、棉花火灾的防范措施

1. 严格控制火源、火种进入危险区域。在厂房内外和籽棉、皮棉货场进行电气焊,由专职消防人员进行安全防火措施后方可动火。严禁在轧花厂周围燃放烟花爆竹,300米以内禁止吸烟。严格执行安全管理制度,从源头上杜绝火种。在籽棉收购入场时要认真检查,杜绝籽棉中混有火柴、铁丝、石块等特殊杂物,以免杂物与设备碰撞摩擦打火引起火灾。

2. 安全用电,管理好电器设备。禁止设备超负荷运转,电器设备要常查、常看,发现问题及时修理。及时更换陈旧老化的电线,以防因漏电短路引起火灾。

3. 制定安全管理制度,严格遵守操作规程。在轧花生产中,检查风机运行中有无堵塞或漏气现象;棉卷松紧是否适当;下花是否均匀;机器运转中,各部位是否有异声、异味等。及时清理剥绒机磁铁上吸附的特殊杂物,清除管道、机器的堵塞物和缠绕物。

4. 加强对工作人员的消防技能培训。通过岗前培训和岗位安全教育等形式,对全体员工进行消防法规、消防知识的教育培训。同时结合实际进行技能教育,做到每个员工能懂得消防常识,并能做到熟练使用配备的消防器材装备。

5. 加强宣传教育,牢固树立防火意识。棉花加工企业应积极利用宣传栏、海报、广播等进行防火宣传,使工作人员牢固树立防火安全意识,铭记"防范胜于救灾"的道理,在思想教育、规章制度、生产管理上都要立足于以防为主,从而营造良好的消防安全氛围。

6. 开展防火检查,建立消防应急预案。坚持定期地进行全面的消防安全自查与巡查,对查出的问题及时加以整改,防止问题久拖不改造成火灾。制定灭火应急预案,并定期演练,有条件的应组建企业专职或义务消防队,进行正规的消防业务训练,聘请有经验的消防专职人员进行实地指导。

木材存储防火

　　木材仓库通常指林业部门的储木场,以及木材公司、木材加工厂、造纸厂的木材仓库。木材存储的形式一般有露天、半露天堆垛和库房三种形式。无论哪种形式,都具有一定的火灾危险性。如 2015 年 7 月 6 日晚上 20 时许,海南省定安县城郊桐水坡村定安国森林木业有限公司木材尾料堆垛阴燃发生火灾,消防部门共调集海口、琼海、澄迈 3 地消防部队共 30 台消防车、200 余名官兵全力扑救,才将燃烧了 4 天的大火扑灭。木材可燃,集中存储时的体量大、价值高,因此木材存储的防火工作非常重要。

　　一、木材存储的火灾危险性

　　1. 木材本身是可燃物质,木材加工后的残余物质如锯末、树皮等容易自燃起火。

　　2. 电气线路和设备的使用、安装违反规程,超负荷运行引起火灾。

　　3. 电锯等电线短路产生的火花引燃锯末、树皮,电弧或飞火引燃锯末,木粉尘进入电动机或积聚在高压蒸汽管道上引起燃烧。

　　4. 油锯漏油,机械设备少润滑,内燃机车未戴防火帽进入储木场等原因都可能引起燃烧。

5. 生产、生活用火引起火灾。

6. 遭受雷击引起火灾。

二、木材存储的防火措施

(一)正确选择库址

木材仓库库址应选在城镇边缘,靠近水源且地处该地居民区常年主导风向的下风向。库区用不低于 2 米高的围墙将其隔离,围墙外留出宽度不小于 10 米的防火隔离带。露天、半露天木材堆垛与建筑物的防火间距按相关防火规范的具体规定布置。

(二)科学合理存放

1. 露天存储的木材,垛高应小于 8 米,垛间留出 1.5 米的通道,以便检查。当堆放量很大时则应分组存储,单组的面积应不超过 1000 平方米,组与组之间留出 15 米以上的间距。

2. 原木堆垛应按树长、树种、径级三个性质分区、组存储。堆长最长为 50 米,最高为 10 米,2~4 垛为一组,组间留出 10 米的防火间距,垛间留出 1.5~2 米宽的检查通道。

3. 原木、成材以及综合利用后的剩余物堆放区应分开,区与区之间留出防火隔离带。

4. 随时清理锯末、树皮等废料,堆积到库区指定地点并及时处理干净。

(三)加强消防管理

1. 库区周围 100 米内,禁止燃放烟花爆竹。库区内禁止一切明火作业,若必须使用,需报请有关领导审批,然后在有专人监察中进行并做好灭火准备,作业结束后认真清理现场,消除一切火种。大风天禁止明火作业。

2. 进入库区的蒸汽机车、机动车需带防火罩,蒸汽机车还应关闭风箱,不得在库区清炉出灰。使用电锯、运输机、吊装机等机械设备时,须将其转动部位上的可燃物清除干净,并经常对机械设备进行维修保养。

3. 库区内应采用直埋式电缆配电,埋深不小于 0.7 毫米,电缆线需绝缘性能良好。场内勿拉临时线路,生产中必须使用时应报请负责人审批,并做好防火工作。库区内采用带护罩的防尘灯、探照灯照明,镇流器应采取隔热、散热措施。

4. 作业场所的电气设备应装防护罩,或采用铁壳开关和封闭型电气设备。开关、插座均应安装在封闭的用不燃材料制作的配电箱内,防止原木、枝桠碰坏设备引起短路或粉尘进入电气设备导致火灾。

5. 各种电气设备的金属外壳都需接地。门式起重机、装卸桥的轨道应有两处以上可靠接地。电动车钢轨所有的接头,须用钢筋全部焊接牢固,防止车辆通行时产生火花。

(四)储备消防水源

库区内消防水池必须保证水源充足,消防水源的半径不应大于 150 米,天然水源应设置可靠的吸水点。消防车道宽度最低为 6 米,堆垛面积超过 5000 平方米时,应设环形消防车道。离城市较远的大型堆垛须有自己的专职消防队,配备足够的消防车辆和装备。

(五)设置防雷设施

就木材存储而言,无论是露天、半露天堆垛还是库房,都应设置防雷、避雷设施,并定期进行检查维护,确保完好有效,一般每半年安排检测一次,发现问题及时整改。

柴草堆垛防火

农村柴草堆垛主要是指麦秸、稻草、玉米秆等农作物秸秆,以及木材、棉麻等可燃物资的堆场,储存位置多在住宅附近、场院、养殖饲料厂等地。在农村,柴草不仅仅用于燃料,还被用作牲畜的草料。由于柴草易燃、自燃等特性以及对防火的疏忽大意,导致柴草火灾事故频发,带来一定的损失和危害。

一、柴草堆垛的火灾原因

(一)违章吸烟引起火灾

柴草堆垛通常是一个物流、人流较多的场所。收购、搬运、值班人员中吸烟者众多,边走边吸烟或坐在某处吸烟,甚至在搬运过程中、在堆垛之间吸烟。燃着的香烟中心温度高达700℃,烟头自然持续燃烧时间为3~5分钟,而露天堆垛的原料如棉麻、草苇、木材、麦秸等可燃物的燃点较低,如棉麻、苇草、木材的燃点在130℃~260℃,加之露天堆垛易燃可燃原料集中,火灾危险性极大。

(二)自燃引起火灾

柴草堆垛是能够自燃的物质。这些原料在含水量较高的情况下,由于微生物的作用,易引起腐败、发酵,产生热量。若散热条件不好,时间一长,温度逐渐升高,有资料显示,因发酵而产生的热量可使温度升到80℃左右。当温度升到70℃左右时,原料中的有机化合物发生分解,变成多孔炭,温度继续上升;当温度升到120℃左右时,纤维分解,猛烈氧化而释放大量的热,最终导致自燃。

(三)放火引起火灾

一般包括人为故意破坏、报复性放火、为骗取保险放火以及精神病患者放火等。

(四)外来火源引起火灾

由于堆垛布局不合理,靠近生产区、生活区、公路,外来烟囱飞火,汽车排出的火星,燃放烟花爆竹等都有可能引起露天堆垛着火。原料内夹有火种也可引起火灾。在运输途中,如押运人员、驾驶人员违章吸烟,会造成收进的原料内夹有火种。

(五)电气原因引起火灾

1. 架空电线穿过露天堆垛上空,碰线短路,灼热的电线熔珠落下,引起堆垛着火。

2. 移动电器使用的绝缘破损,产生电火花,引燃堆垛原料。

3. 大功率照明灯具靠近堆垛,长时间高温,将堆垛原料烤燃。

二、柴草堆垛的火灾特点

(一)火灾危险性大,易发生自燃

由于柴草长期堆放,得不到翻动通风,导致内部受潮发热,当其内部达到一定温度时,就会引起自燃。而堆垛外部十分干燥,加之农村道路狭窄,水源严重缺乏,发生火灾后难以扑救。

(二)火场面积大,蔓延迅速

柴草堆垛一般较高,之间留有空隙很小,一旦发生火灾,能在几分钟内,使整个堆垛起火;并在风力作用下不断形成新的着火点,火势从一个堆垛迅速蔓延到另一个堆垛,造成大面积燃烧。

(三)火灾扑救难度大、时间长

发生火灾后,由于受风力等的影响,不仅会出现几个堆垛同时燃烧的现象,还会出现柴草堆垛的塌落,加之温度高,辐射热强,阴燃产生的浓烟多,给扑救工作带来极大的困难。

(四)易产生飞火,引起多种燃烧

柴草堆垛燃烧时,产生的碎片火星和燃烧纤维,通过自然风力和火场热气流的作用,火星抛向空中向四处坠落,飞火飘落的距离取决于风速的大小,并且风速随堆垛高度而增大。

(五)消防用水量大,易导致灭火中断

由于堆垛火灾燃烧面积大,扑救时间长,加之垛内外一起燃烧,内部温度很高,且消防射流不容易进入,因此,扑救时消防用水量特别大。

三、柴草堆垛的防火措施

1. 柴草、饲草堆垛应选择在当地常年主导风向的下风或侧风向,禁止在进村处大量堆放或占用道路堆放;禁止在堆垛内停放、修理机动车辆;禁止在堆垛50米范围内燃放烟花爆竹。

2. 农村群众确需大量储存柴草和饲草的,应选择远离养殖场和住房的地点堆放。

3. 柴草堆垛的面积不得过大,面积超过500平方米的应另设堆垛,堆垛之间的距离不应小于25米。

4. 柴草堆垛距建筑物的间距不应小于25米,与明火或散发火花地点距离不应小于25米,距通讯线路或电力架空线不应小于20米,距室外电力变压器距离不应小于25米,距医院、学校、敬老院、农贸市场等公众聚集场所的距离不应小于50米,距交通道路外沟边沿距离不应小于15米。

5. 乡镇政府要加强对柴草安全堆放的引导,确定柴草堆垛消防工作管理人员,划定安全堆放地点,认真组织清理违规堆垛。及时查处违规堆放、私自烧荒和乱倒明火灰炉行为,对火灾事故责任者要依法严肃查处。

6. 广大群众要积极参与农村防火工作,经常进行消防安全自查,自觉遵守有关规定,保障农村经济发展和自身生命财产安全。

危险物品防火

　　《安全生产法》附则中规定:危险物品,是指易燃易爆物品、危险化学品、放射性物品等能够危及人身安全和财产安全的物品。危险物品中有相当一部分属于易燃易爆类的物质,具有很大的火灾危险性。如1993年8月5日13时26分,深圳市清水河化学危险品仓库发生的特大爆炸事故就是典型的教训和案例之一,这起事故造成15人死亡,200多人受伤,直接经济损失超过2.5亿元。事故原因是化学性质抵触的危险物品被违规混存混放所致。2015年8月12日,天津滨海新区的天津东疆保税港区瑞海国际物流有限公司所属危险品仓库发生的爆炸事故,损失与伤亡更为惨重。在危险物品生产、储存、装卸、运输过程中,必须时时处处注意消防安全,尤其在储存中应格外加以警惕,严防火灾爆炸事故的发生。

　　这里特别需要提示的是,我们一般家庭中也存在很多易燃易爆危险物品,在日常生活中放置、保管、使用都需要格外当心,尤其是不要让小孩子拿到或玩耍。家用的危险物品除了厨房中使用的各类燃气外,常见的还有烟花爆竹、汽油、油漆、香蕉水、酒精、火柴、打火机气、香水、花露水、指甲油、灭害灵、空气清新剂以及酒精度在60度以上的白酒等等。

一、危险物品储存的火灾危险性

（一）物品接触明火

在危险物品仓库中，明火主要有两种：一是外来火种，如烟囱飞火、汽车排气管的火星、仓库周围的明火作业、吸烟的烟头等等；二是仓库内部的设备不良、操作不当引起的火花，如电气设备不防爆，使用铁制工具在装卸搬运时撞击、摩擦等。

（二）物品混存混放

出现混放性质相抵触的化学危险物品，往往是由于保管人员缺乏知识，或者是有些化学危险物品出厂时缺少鉴定，在产品说明书上没有标明而造成的；也有一些单位因储存场地缺少，而任意"临时"混放。

（三）物品发生变质

有些危险物品已经长期不用，仍废置在仓库中，又不及时处理，往往因变质而发生事故。如硝化甘油，安全储存期为 8 个月，逾期后自燃的可能性很大，而且在低温时容易析出结晶，当固、液两相共存时，硝化甘油的敏感度特别高，微小的外力作用就足以使其分解而发生爆炸。

（四）建筑存在隐患

危险物品库房的建筑设施不符合要求，造成库房内温度过高、通风不良、温度过大；或漏雨、进水、阳光直射，有的缺少保暖措施，使物品达不到安全储存的要求而发生事故。

（五）包装不符要求

化学危险物品的容器包装损坏，或者出厂的包装不符合安全要求，都会引起事故。常见的情况有：硫酸坛之间用稻草等易燃物隔垫；压缩气瓶不带安全帽；金属钾、钠的容器渗漏；黄磷的容器缺水；电石桶内充灌的氮气泄漏；盛装易燃液体的玻璃容器瓶盖不严；瓶身上有气泡疵点，受阳光照射而聚焦等。出现这些情况，往往导致危险。

（六）储存管理不善

这是许多化学物品所共有的危险特性。如果仓库建筑的条件差，或缺乏危险物品储存相关安全知识，或消防管理不到位，不采取隔热降温措施，会使物品受热；因保管不善，库房漏雨进水，会使物品受潮；盛装的容器破损，使物品接触空气等等，均可引起燃烧爆炸事故。

（七）违反操作规程

如搬运危险物品野蛮作业，没有做到轻拿轻放；或堆垛过高不稳，发生倒塌；或在库房内改装打包、封焊修理等，违反安全操作规程，容易造成事故。

（八）库房遭受雷击

化学危险物品仓库，一般都是单独的建筑物，如果防雷措施未安装或失效可能会遭受雷击而起火爆炸。

（九）扑救处置不当

发生火情时，因不熟悉化学危险物品的性能和灭火方法，使用不适当的灭火器材，反而使火灾扩大，造成更大危险。如用水扑救油类和遇水燃烧危险物品或用二氧化碳扑救镁粉、铝粉等。

此外，一些单位由于消防安全意识不强或缺乏相关的防火知识往往草率从事，对易燃易爆化学物质使用后的废弃物料处置导致火灾爆炸事故的发生。如擅自倾倒液化石油气等可燃残液及磷粉、电石粉等，引起下水道、河面及一些公共场所爆炸、起火。类似的火灾记录还有将擦洗设备的油纱头随意堆放在木箱内积热不散发生自燃；儿童进入废弃的油箱内燃放爆竹被炸伤等等。

二、危险物品储存的防火措施

1. 易燃易爆危险物品仓库区严禁一切烟火，储存场所与建筑要符合消防安全条件和要求。

2. 易燃易爆危险物品品种繁多、性质各异，要按照分类、分间、分堆稳妥存放。

3. 化学性能相互抵触能引起燃烧或爆炸的危险物品和使用不同灭火方法的危险物品不准同库贮存。

4. 遇水燃烧的危险物品不准存放在露天或潮湿和容易积水的地点，闪点在45℃以下的桶装液体，受阳光照射容易燃烧、爆炸的物品（或包装上标明不准在阳光照射下存放警告的）不准在露天存放。

5. 易燃易爆危险物品入库前，保管人员要对其进行严格的检查验收，核对物品的品名、生产厂、规格、数量等是否与送货单据相符；检查物品包装是否完好、锈蚀、渗漏、封口不严、危险标志等。对检查验收中发现的问题要及时进行处理，对性质不明、包装损坏的物品一律不准入库。

6. 对租用的压缩气体、液化气体和溶解气体钢瓶，应要求供应商提供按规定进行校验使用期限有效的气体钢瓶。

7. 仓库进出易燃易爆危险物品后，对遗留或散落在现场地面的物品，要及时清扫和处理。

8. 易燃易爆危险物品堆放要符合要求，不得超高、超宽，要做到稳固、整齐、且要留足"三距"，即墙距、柱距、堆距，以便清点检查，确保物品的安全。

9. 允许露天存放的危险物品，要根据不同的包装和物品需要，要有遮盖物，火灾危险性较大且又允许露天堆放的危险物品不得用芦席、油毡等遮盖。

10. 凡易燃易爆液体罐开盖取料后,应及时盖紧,防止液体蒸发或流出引起火灾。

11. 使用过的油棉纱、油手套等沾油纤维物品以及可燃包装,应及时清除,保持场地清洁。

12. 定期做好灭火器材的检查保养,使之处于良好状态。

第七章　加工生产防火

　　农村生产加工工业以乡镇企业为主。随着城镇化步伐的加快,农村乡镇及个人自主办厂的越来越多。乡镇企业为改善农民生活、稳定农村社会秩序奠定了物质基础,做出了贡献。但在消防安全上,由于乡镇企业远离城镇,点多面广,而公安消防监督机构由于警力不足,容易失控漏管。

　　当前,相当一部分乡镇企业的消防工作存在"四无、四多"现象,即无人抓消防工作、无防火组织制度、无消防设施、无自救能力;易燃建筑多、生产生活储存三区不分的多,使用未在岗前消防培训的临时工多、用火用电隐患多。特别是在激烈的市场竞争中,企业为了生存和发展,相互比规模、赶进度、降成本,致使违章作业、盲目蛮干的现象大增,并由此导致火灾频发。如2014年3月26日13时20分,位于揭阳普宁市军埠镇莲坛村沙堆自然村水浮沟下第二街泉发楼郑某等人经营的内衣作坊发生重大火灾事故,造成12人死亡,5人受伤,直接经济损失391万元。事故发生的直接原因是该内衣作坊主要经营者郑某的女儿郑某某用其父亲抽烟留下的打火机玩火,引燃一楼楼梯口南侧堆放的海绵内衣罩杯半成品堆垛所致。乡镇企业火灾发生率一般是国有企业的2~5倍;在乡镇企业发达地区,乡镇企业的火灾损失占整个农村的火灾损失80%以上。

　　以下结合农村的实际情况,重点介绍乡镇企业常见的几类工业生产防火。

棉花加工防火

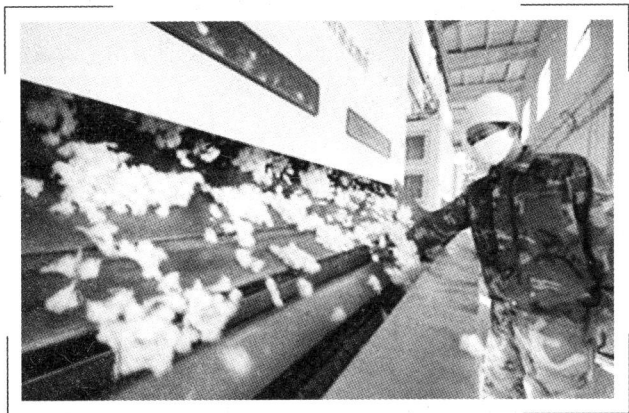

　　棉花加工是通过机械的作用,使籽棉的纤维和棉籽分离,制成无棉籽的棉花——皮棉。皮棉是棉纺、化工及医药等工业的最主要的原料,也可作为絮棉,经弹制后直接供人们用作棉衣、棉被的填料。棉花加工过程中产生的短绒、车肚绒、尘埃绒等也可作为工业原料。棉籽除用作种棉外,也可作为工业原料或进行榨油。

　　棉花的加工过程主要分为清棉、轧棉、剥绒三个阶段。清棉籽棉在采摘、晾晒、搬运过程中,常会混入砂土、叶杂和铁丝、铁钉、石块等杂质以及各种僵瓣棉,如不清除,不仅影响皮棉质量,而且会增加火灾危险性,所以首先要清棉。清棉包括重杂分离、籽棉分离、籽棉清理等工序。主要是根据重杂物与籽棉重量不同,利用气流将籽棉吸光,通过风管送到刺钉式滚筒清花机,利用包有刺钉的滚筒打击籽棉,将籽棉梳松开,使杂质从滚筒下的排杂网中排除。轧棉将清棉后的籽棉通过轧棉机把籽棉上的长纤维撕走,作为皮棉送去打包。轧棉机多用锯齿滚筒装有片锯片,肋条排由根呈弓形的轧棉肋条和根边肋条组成,轧棉原理是利用锯片的旋转,钩拉籽棉上的纤维,通过肋条的阻隔将纤维与棉籽分开。剥绒籽棉经轧棉加工后,棉籽上尚剩有一部分短绒,通过机械操作剥掉棉籽上的短绒,目前使用较多的是利用锯齿剥掉棉籽上的短绒,这样可提高留种棉籽和棉籽的质量,而剩下的短绒也可作为工业原料,除剥除短绒外,轧棉过程中还产生车肚绒、尘埃绒和其他下脚料,对这些下脚料主要使用双锯齿滚筒清理。

棉花属于易燃固体,棉纤维的燃点仅为150℃,棉花加工的防火工作应贯穿于加工流程的始终。

一、棉花棉绒的火灾危险性

(一)易燃性

棉籽短绒主要成分是纤维素、半纤维素等有机化合物,其结构疏松多孔,极易燃烧。遇摩擦、撞击、静电放出的火花就能被点燃,火焰可沿纤维缝隙向纵深延烧,形成阴燃,不易被发觉,且在灭火后易"死灰复燃"。

(二)自燃性

棉籽短绒中含有0.6%左右的蜡质脂肪和果胶,它们容易滋长微生物,微生物在呼吸繁殖时也会产生热量,积热不散引起自燃。

(三)粉尘爆炸危险性

棉花在轧制过程中,利用齿刀将纤维与籽壳剥离时会产生棉籽壳、棉仁以及棉粉尘等,棉粉尘具有爆炸性,其爆炸下限为25.2克/升。这些粉尘如在车间内悬浮达到爆炸浓度,遇明火即会发生爆炸。

二、棉花加工火灾危险性

(一)火源多

在棉花加工过程中,大量棉花处于疏松状态,且会有大量的绒絮、粉尘积落在设备和建筑构件上,遇到火源就会燃烧蔓延开来,能够引起燃烧的点火源主要有:

1. 棉花中混有铁质、石子杂物,进入设备,特别是同旋转部位的撞击、摩擦,易打出火花,引燃棉花、棉绒而成灾。

2. 如果籽棉的水分过大,进入机器后,易缠绕锯齿,堵塞机器不能正常运转,会导致锯齿、肋条和轴承摩擦生热,引燃棉花成灾。

3. 轧棉机和剥绒机的锯齿和肋条之间的间隙不适当,或受损使间隙过于狭窄,易阻塞棉花或齿、肋互相摩擦打出火花,导致火灾发生。

4. 电气设备的安装、使用不符合要求,特别是电线没有采用套管保护,使用明线敷设,接触盒、闸刀开关、继电器等设备没有装壳保护,加之对电气设备不能正常定期进行检查、维修、保养,极易导致短路、超负载、接触不良等故障产生电火花,引起火火灾及发生爆炸事故。

(二)可燃物多

棉花加工企业使用的原料为籽棉,成品为皮棉,在生产的过程中还产生许多车肚绒、尘埃绒和其他下脚棉绒等等,这些都是可燃物。由于棉花加工是季节性生产,棉花加工企业只要开机生产,基本都是满负荷运转,在车间内都会使用大量的原料,因此,整个车间都充满了可燃物,其火灾荷载要大于其他的工厂,几乎接近仓库。

（三）建筑耐火等级低

由于棉花加工企业的工艺特殊性,往往棉花加工生产厂房的耐火等级都比较低,不少棉花加工企业生产厂房都采用了钢结构,一旦发生火灾,厂房的耐火能力低,极易造成厂房坍塌,给灭火施救、物资疏散带来困难。

（四）火灾蔓延快

由于棉花加工企业的生产工序都往往集中在一座厂房内,如果防火分隔设施不到位,棉绒清理不及时,一旦发生火灾,容易在整座厂房内形成快速蔓延燃烧,并在短时间内达到猛烈燃烧状态。

（五）火灾扑救难

由于棉花易燃的特性,一旦发生火灾,火势蔓延迅速,容易在短时间内形成大面积、立体火灾,造成火灾扑救困难。由于厂房内的火灾荷载大,火场的温度非常高,建筑物发生倒塌的危险将大大增加,不利于灭火救援,同时需要更多的消防用水冷却火场温度和堵截火势蔓延。加之,棉花具有阴燃性,必须将棉花包打开,用水慢慢浸透,需要大量的消防用水,进一步加大了彻底消灭火灾的难度。

（六）人员管理难度大

由于棉花加工属于季节性生产,棉花加工企业固定工少,临时工多,临时工一般消防安全意识淡薄,违章操作较多,处置火灾的能力不高,极易酿成火灾。事实也说明,许多棉花加工企业重大火灾的发生,都与临时工的管理不到位、违章操作、处置能力不强有关。

三、棉花加工防火措施

（一）提高建筑耐火等级,降低火灾荷载

在厂房更新、改建和变更用途时,应及时申报消防部门审核,避免形成先天火灾隐患。棉花加工厂房的耐火等级不得低于二级,对于钢结构厂房的承重构件,必须喷涂防火涂料。加工车间内存棉不要过多,要做到随加工、随运送、随打包。下班停车时,要彻底清除车间内剩余的籽棉、皮棉、棉籽和短绒,做到车间内不存放散棉,最大限度地减少车间内的可燃物。

（二）改善建筑结构布局,阻止火势蔓延

棉花加工厂房的清花车间与其他工艺必须采用防火墙进行分隔,安装内燃机的房间,要与加工间、仓库用防火墙隔开。厂房不要增设吊顶,以防棉绒沉积,助长火势蔓延。因此,在建筑平面布局和结构上要进行合理改善,做到既不影响生产,又能采取有效的防火分隔,阻断火势迅速蔓延的途径。

(三)严格遵守操作规程,杜绝违章操作

1. 消除杂物,防止撞击产生火花。棉花进入机台前,要彻底清除铁片、铁丝、铁钉、石子、木块等杂物。除人工挑拣外,在清棉机、轧棉机和剥绒机的棉箱下部要安装吸铁装置,或其他除杂装置,例如在清棉机下部设自然堕落储槽,在轧棉机喂棉辊下设置铁板,当有硬杂质落到板上击出响声时,可立即停止喂棉,拉起肋条使之直接掉入地槽,在输棉风筒的拐弯处,可加设自然堕落斗除尘。

2. 严格检验,控制棉花水分含量。棉花加工前,要检验水分,如含量超过12%,应先经烘棉处理或自然摊晒,干燥后方可加工,如发现混有湿棉要剔除。

3. 加强检查,保证机器运转良好。调整好锯齿和肋条的间隙,锯片必须锋利、光滑平整,厚薄一致,防止锯片与肋条摩擦起火。肋条两侧表面必须光滑、无毛刺,并且排列平整,以免纤维阻塞肋条间隙。肋条工作点间隙为 2.8~3.0 毫米,不仅对质量有利,且可降低火灾危险。

4. 精心操作,发现问题及时处理。在机器运转中,操作人员要做到四点:一是眼看,就是查看籽棉中有否硬性杂质,如有杂质及时清除;二是耳听,就是听机器运转声音是否正常,如有撞击噪音,应停车检查处理;三是鼻嗅,就是籽棉中是否出现煳味,一旦嗅到,立即停车清理煳棉;四是手摸,就是在机器运转中,用手触摸轴瓦,检查温度,防止过热引燃棉花。当空气中粉尘浓度达到爆炸浓度范围,有爆炸危险时,或当车间其他部位或设备周围出现着火的时候,应立即停车处理。

5. 清扫尘絮,保持车间安全整洁。在过道上不要堆放棉花、棉籽和废棉。生产车间内应有良好的吹尘装置,要定期清扫墙壁、楼板、屋架、机器设备以及电气设备上的棉絮、粉尘,并随时清除风筒自然坠斗内的杂物,除尘室也要定期清扫。

(四)落实电气保障措施,严格火源管理

车间内电气设备可选用防护型的,照明应为防尘型的,其安装和使用要符合防火要求。如果使用敞开式的电机和开关,应设外罩防护;车间的布线应用套管保护,不得使用明线;其他电气设备,如接线盒、闸刀开关、继电器等,都应该装罩壳保护;制定电气设备定期保养维修制度,防止短路或接触不良产生火花引燃电气设备上的棉绒、棉尘发生着火事故;籽棉和棉绒不要堆放在电动机和电气开关附近,以防电气火花引燃着火;车间内一般不准进行明火作业,如必须进行时,应办理动火审批手续,并安排现场监护。作业后,应仔细检查现场,防止遗留火种;严禁棉绒与油类、酸类、氧化剂等接触。污棉,特别是沾有油污的棉绒应及时清出车间,以防自燃。

(五)完善建筑消防设施,确保完好有效

由于棉花加工企业发生火灾后,消防用水量比较大,因此必须按照有关技术规范要求设置室内、室外消防给水系统,这样能够有效地扑灭和控制初起火灾,不让小火酿成大灾。还应配置足够数量和型号正确的灭火器,并合理布置。在搞好消防设施建设的同时,还应加强建筑消防设施的维护管理,保证其完好有效。

(六)加强消防培训演练,增强"四个能力"

棉花加工属于季节性生产,临时工多,违章操作较多,处置火灾的经验不足,这就更加要求加强对现场人员的消防教育培训,明确各自职责,并依照预案适时组织演练,提高消防意识和消防安全"四个能力",即消防宣传和防火、灭火、疏散能力,从源头上防止因人的过失或违章行为酿成灾害事故,以及初起火灾处置不力导致灾害扩大。

竹木加工防火

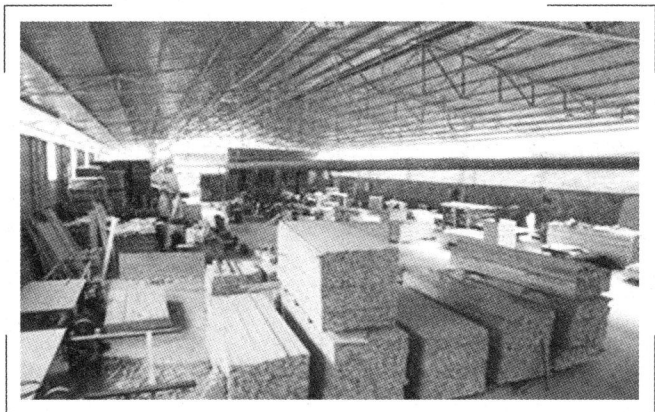

竹材、木材加工在满足农业生产和人民生活需要等方面起着重要的作用。随着竹木加工业的发展,竹木材的综合利用率不断提高,各类竹木加工厂也不断增

多。由于一般竹木加工厂的厂房耐火性能较低;加工的原料都是可燃物质;生产过程中产生大量的锯末、刨花、竹屑、木屑等比竹木材更易燃烧,且阴燃时间较长,不易及时发现;为了缩短生产周期,常采用人工干燥法(烤房)进行干燥,使用明火多,用电量大;有的工序还需使用易燃易爆液体做胶料,相应地增加了火灾危险性。竹木加工企业一旦发生火灾,燃烧猛烈、蔓延发展快,易造成大面积火灾。如2015年1月18日早上7点多,山东省德州市东关村的一家木材加工厂由于用电不慎突发大火,用于加工家具的大部分木材被烧毁,损失30余万元,厂长本人也因为急于救火而被烧伤送往医院。

一、竹木加工的火灾特点

(一)火势易蔓延扩大

砖木结构的竹木材加工厂厂房的门、内隔墙大部分是木质结构,跨度大,通风效果好,发生火灾后,燃烧猛烈,有时一点小的火情就会迅速蔓延,难以控制。

(二)易形成立体火灾

加工厂厂房的楼房着火后,火势除迅速向水平方向蔓延外,由于大量的易燃物质,燃烧温度高,火焰会迅速垂直蔓延至房顶木梁,容易形成立体燃烧。

(三)建筑物易倒塌

加工厂厂房,由于多数是普通的砖木结构,是用木材作为梁、柱、楼板,一旦发生火灾,在较短的时间内,会使梁、柱、楼板燃烧,控制不了火势,而其耐火等级低,容易造成建筑倒塌事件。

(四)易造成人员伤亡

加工厂一般工作人员比较多,而疏散通道少而不规范,而且消防设施比较落后,一般加工厂都选择在城市郊区、城乡结合部,附近都没有消火栓,一旦发生火灾,烟火迅速蔓延,而由于消防设施差,很难开展自救;由于缺水消防队灭火难度大,被困人员难以脱离危险造成伤亡事故。

二、竹木加工的火灾危险性

(一)建筑简陋,缺乏基本的消防设施

目前大部分竹木材加工厂用房多数是单层厂房或简易民居改建的厂房,以砖木结构为主,由于建筑等级低,一般情况这类厂房消防设施不足,难以进行火灾初期扑救。

(二)可燃物多,原料具有自燃和可燃性

1. 竹木材生产企业中,一般堆放有很多可燃物,竹木材加工过程中的原料、半成品和成品,以及产生的大量锯屑、刨花、粉尘等,一旦着火,蔓延速度较快。如原木火焰蔓延速度为0.35~7米/分钟,锯末和木粉的火灾危险性更大。锯末的水分在5%~8%时,其燃点为210℃~230℃,自燃点为250℃~350℃,能被焊接火星和阴燃的烟头引燃。锯末在长时间受热的情况下能够受热自燃,含水30%~40%的新锯末,如果堆成堆,由于微生物的作用,也能发生自燃。

2. 胶合板使用脲醛树脂作黏合剂时,防火性能降低,更易于燃烧。纤维板的燃烧性能取决于黏合剂,使用不同树脂作黏合剂,可得到易燃或难燃的纤维板。

3. 生产加工过程中产生的竹皮、树皮、油污棉纱、边角废料均有易燃性。

(三)产生粉尘,具有可燃性和爆炸性

1. 竹木材加工过程中产生的竹木粉尘与空气能形成爆炸性混合物,如木粉水分在6.4%以下,其爆炸下限为12.6~25克/立方米,沉积的粉尘的自燃点为225℃。

2. 在锯材、纤维板生产和切片,筛选和研磨,以及锯边、刮(砂)光等工序,会产生大量锯末和竹木粉尘,极易引燃,常因机械撞击火星、摩擦生热,混入原料中的砂石等硬杂质同机械设备撞击打出火星等引燃锯末或木粉尘。

(四)工序繁杂,火源与电源难以控制

1. 干燥工序。干燥工序有用蒸汽或用烟道气干燥竹木材的方法。烟气干燥的火灾危险性更大,因为烟气有着很高温度(进口温度600℃~900℃,出口温度200℃左右),通过墙壁将热传到干燥室内,或将烟气直接送入干燥室,有可能由于烟气温度过高,或者室内窜入火星,使竹木材过热而发生燃烧。不少中小型竹木器厂设有火窖或炉膛,利用竹木屑、锯末阴燃发热烘烤竹木材。在空气流通良好情况下,竹木屑和锯末易会由阴燃转为火焰燃烧,从而引燃被干燥的竹木材。蒸汽干燥,温度容易控制,比较安全。但干燥温度较高,如胶合板生产的干燥温度达180℃,若温度、时间控制不当,被带入的碎片长时间被烘烤可发生自燃。干法纤维板生产中的纤维干燥温度为160℃~190℃,纤维如长时间受热或遇砂石、金属块与管道撞击打出的火星就会自燃或起火。

2. 热压工序。胶合板、纤维板的生产都有热压过程,经热压使胶合板、纤维板结为一体。纤维板的燃点为190℃,在温度160℃以上时,它的放热反应加剧,而热压温度在160℃~200℃之间,如控制不当,尘埃受烘烤易发生火灾。热压后的胶合板、纤维板本身温度较高,若不经散热处理,易发生骤热自燃。

3. 涂胶、喷胶、胶合和胶料配制工序。胶合板涂胶、纤维板喷胶和木材部件胶合用的胶,分别是脲醛树脂和酚醛树脂、皮胶和骨胶。脲醛树脂的火灾危险性较大;配制酚醛树脂和脲醛树脂时需用易燃液体作稀释剂,如有电气火花或明火则极易引起火灾。配制胶料时,用火炉熬皮胶和骨胶,炉火控制不当,也有可能引起火灾。

4. 涂漆与喷漆工序。制品在涂漆过程中,需使用油漆、硝基漆和各种溶剂、干性油等,这些物品大都是易燃和可燃液体,特别是喷刷硝基漆会产生溶剂蒸汽,与空气混合可形成爆炸性混合物。喷漆时,会产生和积聚静电,放电时会引起溶剂蒸汽燃烧,引燃其他可燃物。

(五)用电量大,电气故障容易致灾

电线敷设不当,线路超负荷,电线老化,穿过竹木料堆的线路未穿管保护,绝缘破损,导致短路。电气设备安装、使用违反电气规程,造成过载运行,烧毁电动机等设备引起火灾。

三、竹木材加工的防火措施

(一)建筑防火措施

1. 竹木材加工属丙类生产,其厂房建筑的耐火等级不应低于三级。干燥室和涂漆间应为一、二级耐火等级,最好是独立的建筑。如因条件限制,必须设置在一起时,应用防火墙分隔开。

2. 较大规模的竹木器厂宜分区布置。生产区、竹木材堆垛、行政管理区、生活区可用围墙、绿地或道路分隔。生产车间、竹木材堆垛、锅炉房等要按照国家规范要求,保持足够的防火间距。

3. 厂区内应设置环形消防车道,或可供消防车通行的且宽度不小于6米的平坦空地。厂房应留足安全疏散出口,一般不应少于两个,疏散走道和门的宽度达到规范要求,并选用外开门,疏散楼梯应采用封闭楼梯间。

4. 对目前仍在使用的易燃建筑厂房应逐步加以改造。干燥室、胶合板的涂料、单板整理、纤维板的热压、热处理、喷胶、塑面板的浸胶,竹木器加工的喷漆,以及制胶生产等工序,均应设在符合要求的耐火等级建筑内。

(二)可燃物防火措施

1. 露天堆放的竹木原料应对应整齐,不得占据通道。堆放地点应在远离锅炉及其他明火作业地点,不得靠近危险物品仓库,不宜设在烟囱常年主导风向的下风方向。对容易着火的竹木屑、刨花、边角料等,不宜露天存放,防止外来火星引起燃烧,并与其他竹木材分开堆放。

2. 车间内堆放的竹木材总量要严格控制,不得存放过多。通道、门口、机器设备和电气设备周围不得堆放原料和成品。

3. 生产用竹木料应控制在当天用量,加工好的应及时运走,不得乱堆乱放;堆放的半成品不应影响车间内外的通道。

4. 竹木加工生产中产生的竹木屑、锯末不得堆放在车间内。厂房内空气中如含有较多的可燃粉尘、纤维,应根据火灾危险类别及防火要求,采用机械排风经旋风除尘器通过管道排送到车间外面的专用除尘室。刨花和废料应每天清除,集中妥善处理。机械和厂房构件上的竹木粉尘每星期至少清扫一次。

(三)火源管理措施

1. 车间内不应采用火炉或高压蒸气采暖,要根据地点的火灾危险类别及其特殊的防火要求确定采暖方式,应采用热水集中采暖方式。竹木料及机械设备与取暖设备,应保持不小于 1 米的距离,并应经常清除管道、设备上的竹木屑、粉尘。

2. 控制明火作业。必须使用电焊、气焊、气割或其他用火作业时,应事先经有关部门审批,办理动火手续,并采取相应的防火措施,如清除动火点周围的可燃、易燃物质,准备好灭火器材,派人到现场监护。作业后,应认真检查,防止留下余火,确认安全后方可离开现场。操作人员必须遵守岗位责任制,不得擅自离开工作岗位,车间内严禁吸烟。

3. 严禁吸烟、用火,禁止燃放烟花、爆竹等。必要时,可在车间、仓库外安全地点设专门的吸烟室。

(四)电气管理措施

1. 电气设备的安装应符合《电气设备安装规程》的要求,电动机应采用封闭型,导线应穿管敷设,开关和配电箱等电气设备均应设防护装置,避免竹木屑粉尘入内,并经常清扫竹木屑,加强检查维修工作。

2. 高压线应尽量远离厂区或沿厂区边缘布置。引入厂区的接户线应尽量缩短引入长度,防止高压线发生故障引起火灾。

3. 库房及穿过竹木料堆的导线应采用钢管布线。露天竹木堆垛的电气线路应尽可能采用地埋电缆,如采用架空线路,与竹木堆垛的防火间距不应小于杆高的 1.5 倍。

4. 设在带锯跑道的电线,应有可靠的保护装置,防止其他物体磨擦,导致绝缘破损引起短路,酿成火灾。作业场所的电气设备应装防护罩,或采用铁壳开关和封闭型电气设备。开关、插座均应安装在封闭的用不燃材料制作的配电箱内,防止原木、枝桠碰坏设备引起短路或粉尘进入电气设备导致火灾。

5. 各种电气设备的金属外壳都应有可靠的接地。门式起重机、装卸桥的轨道应有两处以上可靠接地。电动车钢轨所有的接头,须用钢筋全部焊接牢固,防止车辆行走时产生火花。

6. 应按照国家规范要求,在厂房、仓库、锅炉烟囱及竹木堆垛设置可靠的防雷设施。

7. 下班应有专人切断车间内的总电源,并设专人负责检查。检查人员还应检查清洁情况,有无焦煳味,有没有冒烟的地方,如发现异常,应及时处理。

8. 加工厂内采用直埋式电缆配电,埋没深度不小于0.7毫米,电缆线需绝缘性能良好。场内勿拉临时线路,生产中必须使用时应报请有关负责人审批,并做好防火工作。加工厂内采用带护罩的防尘灯。探照灯照明,镇流器应采取隔热、散热措施。

(五)加工防火措施

1. 干燥工序。烟气干燥的炉膛温度可达700℃,一般不宜采用。如采用时必须使竹木材与火源完全隔离,烟道表面温度不得超过100℃,室内温度不得超过70℃~80℃。烟道出灰时,应用水浇湿炉灰,并倒在安全地带;干燥室必须安装电气线路时,其线路敷设应有耐高温的保护措施,熔断器、开关宜安装在其他房间或室外的专用配电箱内;干燥时,应严格控制干燥温度和时间,经常检查温度计的准确性;采用流水线干燥,如停电或机械设备发生故障,应立即停止加热,并将干燥设备内物料移出;干燥室内应设置自动报警,以及自动或人控的喷水、喷蒸汽的灭火装置。

2. 热压工序。热压工序应注意控制热压的温度,及时清理竹木尘埃。

3. 涂胶、喷胶、胶合和胶料配制工序。胶料加热应采用蒸气、热水或非用火热源,不可用明火加热。

4. 涂漆与喷漆工序。一是涂漆和喷漆要设固定地点。如果涂漆间同生产加工部分布置在一个厂房内,除了采取分隔措施,应安装局部排风装置和安装防爆电气设备,但调漆、配料不得在车间内进行,而应在厂房外的单独房间内进行。如果厂房很大,并且需要就地涂漆或喷漆,则要求该处通风良好,要停止周围一切明火操作。喷漆间地面沉积的漆膜应经常清除,防止自燃起火。二是做好防静电工作。静电是引发火灾火源的一种,涂漆与喷漆工序必须有可靠的防静电措施。消除静电的常用方法有:设置防静电接地设施、增加湿度、使用抗静电添加剂、设置静电中和器和控制流速等工艺控制方法。

(六)除尘防火措施

1. 各种竹木材加工机械应安装除尘器,采用机械排风将锯末、竹木屑、刨花等通过管道排送到车间外面的除尘室。

2. 室内必须安装排风装置,排风机应选用有色金属叶轮,并经常检查,防止摩擦、撞击。

（七）应急处置措施

1. 车间、仓库、竹木堆垛应根据面积及危险性，按《建筑灭火器配置设计规范》的要求配备足够的移动式干粉灭火器。

2. 竹木加工企业应有充足的消防水源，保证消防用水。

3. 厂内应设有环形消防通道，并保证消防车能迅速到达每个车间、仓库。尽头式消防车道应设回车道或不小于 12×12 米的回车场。

4. 离消防队较远的大中型竹木器厂宜设企业专职消防队，配备消防车辆。

面 粉 加 工 防 火

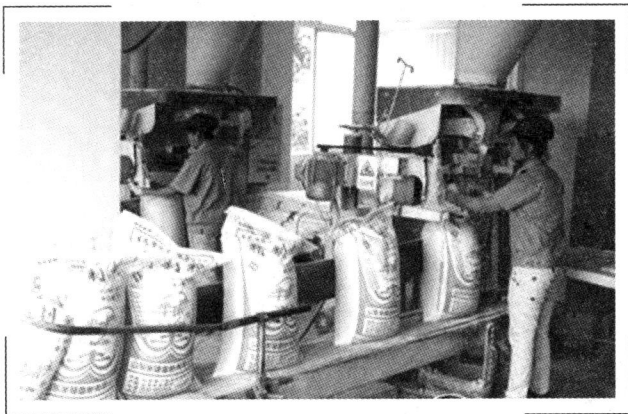

面粉作为人民生活中非常重要的食品之一，其加工工艺简单，原料取材容易，农村各色面粉加工作坊或企业大量存在。然而，又因为面粉自身易燃性、自燃性和粉尘爆炸性等特点容易造成火灾事故。如 2014 年 9 月 23 日上午 9 点 14 分左右，安徽省淮北市濉溪县百善镇鲁王面粉厂发生爆炸，致 8 人受伤。

一、面粉加工的火灾危险性

（一）建筑火灾危险性

1. 制粉车间耐火等级低。

2. 制粉车间外缺少防火分隔。

3. 磨粉间相邻房间大量用火用电。

4. 建筑疏散不符合要求。

(二)工艺与设备火灾危险性

1. 小麦在清理过程中易形成各种粉尘。

2. 在面粉加工过程中,面粉颗粒容易飞扬,与空气形成爆炸混合物。

3. 制粉厂升运机的料斗跑偏,长时间与木管摩擦发热起火。

4. 制粉厂经常发生磨膛爆炸。

5. 粉尘落在大功率灯泡上造成粉尘自燃。

6. 皮带传动摩擦产生静电火花。

7. 违章动火、用火等。

(三)储存与运输火灾危险性

1. 物料储存区的防火间距不足。

2. 库房内电气线路私拉乱接。

3. 杀虫药品多数属于易燃物品,管理不当,也有发生意外的可能。

4. 制粉车间等缺少防雷保护措施。

二、面粉加工的防火措施

1. 面粉加工厂的厂房构件内表面应保持光滑,避免有凹面,一般不得用槽钢、工字钢作建筑构件,有凹面的设备外面应加防尘罩,以防止粉尘积聚。

2. 面粉加工厂大多为多层建筑,上下左右贯通,因此要采取分隔措施;管道穿过楼板、墙壁时,孔洞要用不燃材料封堵。

3. 通风和输送物料的管道,均应保持密闭状态,防止粉尘泄漏。

4. 集尘室的电气设备应符合防爆要求。

5. 面粉加工设备中木质材料构件和其他可燃材料构件应逐步用不燃材料取代。

6. 由于制粉车间的粉尘较多,遇明火易发生燃烧、爆炸事故,所以要采用封闭电气设备,禁止使用开启式电气设备。

7. 制粉车间不得采用明火取暖,暖气管道、散热片应经常清扫,防止积尘过厚,长时间受热而发生危险。

食品加工防火

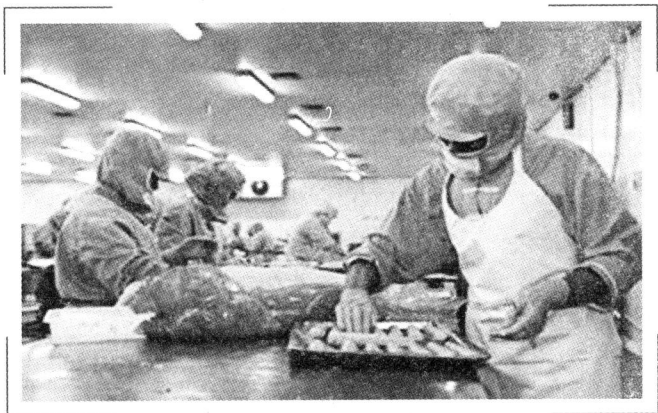

　　食品加工是指主要以农业、渔业、畜牧业、林业或化学工业的产品或半成品为原料,制造、提取、加工成食品或半成品,是连续而有组织的工业体系。随着人民生活水平的提高,食品工业迅速发展。食品的种类很多,如糕点类、饼干类、方便米面、熏烤制品类、炒货类、冷饮类、罐头类、糖果类、速冻食品类等。食品工业中还有辅助材料生产,如发酵剂、包装材料及铁制罐的生产等。

　　食品生产由过去的作坊手工生产逐渐向机械化、自动化连续生产转变,技术装备的科技进步与发展为食品加工创造了更大的发展空间。食品加工过程中有很多原料、产品均为可燃物,存在一定的火灾危险性,切不可麻痹大意。如2015年3月25日凌晨5时许,四川江油市九岭镇柏河村的绵阳林鸿食品加工有限公司厂房发生火灾。经过绵阳消防5个多小时的奋力扑救,大火被扑灭,虽未造成人员伤亡,但火灾共造成该厂生产的成品食用猪油、牛油等700吨产品和一间冻库被烧毁,损失有1000余万元。

　　食品加工业加工技术不断进步、加工工艺的不断更新对火灾预防工作带来更高的要求,要针对不同生产工艺过程,采取相应的预防措施。

一、食品加工的火灾危险性

（一）建筑耐火性能低

很多食品工厂由作坊发展而来,建筑耐火级别低,设备条件简陋,有的甚至使用泡沫夹芯板作为建筑材料,极易发生火灾。

（二）易燃可燃物较多

大部分食品原料、中间产品以及成品都是可燃物品,如谷类、油类、糖、干果、藻类、淀粉等,有的还易形成爆炸性粉尘。食品加工、储存的消防危险类别多为丙类（具有可燃性）,有的工段为甲乙类（具有易燃易爆性）。

（三）使用火源热源多

食品加工方法主要有煎、炒、炸、烘、烤、熏、蒸、干焗、干烧、酥炸等40多种,大部分方法需要加热,多数需要使用明火,特别是烘烤、煎炸、熬炼等工艺,容易产生高温,具有较大的火灾危险性。

（四）设备运行隐患多

食品加工中使用的电气设备,如电动机、电热炉等,在过热的状态下,都是潜在的点火源;远红外、微波加热干燥设备以及其他大功率电热设备的发展和运用,也容易产生电气火灾隐患和高温等不安全因素。此外,食品加工行业中广泛使用的冷藏、冷冻多采用液氨制冷技术,氨属于乙类可燃气体,一旦发生泄漏,具有较大的火灾和毒害危险性。如2013年6月3日6时10分,位于吉林省德惠市的吉林宝源丰禽业有限公司发生特大火灾爆炸事故,造成121人死亡,76人受伤。经调查,事故发生的直接原因是,宝源丰公司主厂房电气线路短路,引燃周围可燃物,燃烧产生的高温导致氨设备和氨管道发生物理爆炸并引发火灾。

（五）包装环节有火险

现代食品工业大量使用聚乙烯、聚丙烯等塑料、铝箔复合薄膜、纸质包装材料等都是易燃可燃材料,封装的方式主要有热板、脉冲、高频、超声波等方法,都是使用加热方式,融化塑料制品达到封合的目的,如操作不当极易引起包装材料的燃烧。

二、食品加工的防火措施

（一）输送工艺的防火措施

输送技术装备有液力、气力、振动、螺旋、带式、刮板、斗式等输送技术装备。在设备运转过程中主要是电气设备火灾、物料积聚摩擦生热起火、传送带摩擦生热起火、输送粉尘爆炸等火灾事故,特别是气力输送设备,输送固体物料是在管道中进行的,输送过程中输送颗粒之间的摩擦会产生静电放电或由于混入金属与管道撞击或摩擦产生火花,引起输送物料粉尘爆炸引起火灾。传送设备本身又是火灾从一个区域蔓延到另一个区域的通道,在墙上为通过传送带而开的开口则会破坏防火分区的阻火性能,应有相应的处理措施。设置防止金属等易发火物质进入输送管道的设施、静电接地装置,以及在易发生粉尘爆炸部位设置泄压孔。在输送过程中要经常检查是否有物料阻塞、传送设备的转轴是否损坏或缺少润滑等易引发火灾的非正常工作状态。

(二)分选工艺的防火措施

分选技术装备主要有振动筛分、形状分级、光电色选等装备。由于在分选过程中需要将物料进行均质化,与空气接触面积大,分选过程中可能因振动、摩擦等形成爆炸性粉尘和产生静电。在分选过程中需要分除石块、金属等易产生火花的杂质。工艺操作过程中要防止形成爆炸性粉尘混合物,设置静电导除或消除静电的设施,设置防爆膜或防爆片。

(三)粉碎工艺的防火措施

粉碎技术装备主要有干法、湿法粉碎技术装备和果蔬破碎、肉类绞切与粉碎技术装备等。对于大多数机械粉碎装备而言,大量的机械能由于摩擦等因素转化成热能,引起物料和机器强烈的升温,必须采取防止物品自燃措施;采用阻止、导除在干法粉碎过程中产生的大量粉尘和静电的措施。

(四)分离工艺的防火措施

分离技术装备主要有离心、旋液、过滤、膜分离等技术装备及旋风分离器、超临界萃取机。其中旋风分离器主要用于非黏性、非纤维的干燥粉尘的气体,易形成爆炸性粉尘及产生静电;超临界萃取在食品工业中主要用于分离热敏性、高沸点物质,如植物油、动物油、咖啡因等物质。

(五)干燥工艺的防火措施

干燥技术装备主要有喷雾、滚筒、沸腾、辐射、真空、高频等装备。由于食品干燥单元是将物料中的水分含量降至所要求的程度,做成干制品,物料水含量降低,火灾危险性增加。如蔬菜在正常条件下不会发生燃烧,但如果经过干燥成为脱水蔬菜就非常容易燃烧,因此干燥过程是火灾危险性较大的过程。

喷雾干燥使用的温度范围为 $80℃ \sim 800℃$ 热风,超过了一般物质的燃点;在喷雾干燥塔内形成大量粉尘,一旦发生泄漏极易形成爆炸性粉尘混合物;雾化过程中,高压含有固体粒子的液体喷出会产生静电。自惰循环喷雾干燥系统中使用可燃气体燃烧,将空气中的氧气烧除,用剩余的氮气和二氧化碳作为干燥介质,在燃烧过程中易发生可燃气体泄漏,形成爆炸性可燃气体混合物引起爆炸的危险。

滚筒干燥是将料液分布在转动的、蒸汽加热的滚筒上,与热滚筒表面接触,料液的水分被蒸发,然后用刮刀刮下经粉碎为产品的干燥设备。如在操作过程中刮刀损坏或刮除不彻底,物料易黏附在加热面上,长期加热会发生自燃。

沸腾干燥是使用热空气干燥固体颗粒,在干燥过程中进风温度一般为 120℃～150℃,易形成粉尘。

红外、远红外、高频、微波等新型干燥器是将电能转化为热能,使物料快速干燥的设备,与传统干燥设备相比具有干燥速度快、效果好等特点,使用中需要加强电气防火工作。

(六)熟化工艺的防火措施

熟化技术装备有焙烤、油炸、挤压、蒸煮技术装备,其中焙烤和油炸操作过程中的火灾危险性较大。

焙烤一般使用远红外和微波加热,一旦输送设备发生故障,焙烤物料在加热炉中时间过长,或物料的掉落物清扫不及时,易引起加热物料燃烧;焙烤的物料一般含有油脂,炉内温度一般高于油脂的自燃点;温度自动控制装置失灵引起炉内温度升高,也会引起焙烤物料的燃烧。

油炸操作过程中油温一般在 160℃以上,有时高于 200℃,甚至高达 230℃,一般超过或接近油的闪点,火灾危险性较大;一旦温度控制装置失灵或发生热油泄漏,电加热丝暴露在空气中极易引起燃烧。

熟化技术装备使用前要认真检查其安全状况,发现故障要及时维修;在停电或使用完后,必须切断电源,避免在无人看管的情况下电烤箱处于工作状态。应根据电烤箱的负载,正确选用连接烤箱的电线,严禁导线过载供电;一般大功率的烤箱宜采用单独的线路供电,并要装合适的开关和熔断器。供电导线与烤箱的热元件之间的接线应牢固,并要有耐高温的绝缘材料保护。应根据烘烤物件的性质,严格控制温度和时间,以免一次性烘烤时间过长,温度过高,引起燃烧。需要烘烤的可燃物件,应放在固定的支架上,不能直接与热原件接触;且烤箱内的固定支架应由不燃材料制成,支架上不宜放有可燃物。电烤箱周围应保持清洁干净,禁放易燃易爆物质,以防遇高温发生燃烧。

服装生产防火

服装生产企业是消防安全重点场所之一,因为其是劳动密集型场所,同时这些场所都存放有大量可燃材料,一旦发生火灾极易发生群死群伤的恶性火灾事故。2014 年 1 月 14 日下午 14 时 52 分,浙江温岭市城北街道杨家渭村台州大东鞋厂发生火灾,共造成 16 人死亡、5 人受伤,损失惨重,教训深刻。

一、服装生产的火灾危险性

(一)易燃可燃材料多

服装生产企业是以布料、皮革为主,这些都属于可燃易燃材料,遇到明火能够在短时间内发生燃烧,而且燃烧程度会在很短的时间内发展到旺盛阶段,同时伴有大量有毒烟雾,因此留给人们反应和扑救的时间也很短。

(二)安全疏散受限制

一些服装生产企业经常会把原材料、(半)制成品等摆放在疏散通道上、安全出口旁,往往造成疏散通道堵塞、变窄,在应急情况下只能容纳 1 人通过,大大延长了人员逃生所需的时间。有的企业在窗户上安装防盗铁栅栏,严重妨碍火灾时逃生和救援。

（三）消防设施不完善

部分服装生产企业灭火器无压力，没有及时充装。疏散指示标志损坏，不能够起到引导逃生作用。有的没有设置室内、室外消火栓；有的设置了但没有水源；有的水压水量不足；有的没有消防接口、水枪、水带等配套设施等等，导致无法正常使用，难以在较短的时间内有效处置初期火灾。

（四）建筑耐火等级低

不少企业建筑为砖木结构，甚至使用的是油毡等简易材料，还有一些生产企业为节约成本，采用易燃材料泡沫夹芯板搭建办公室、仓库等建筑，导致火灾危险性增大。而且对电线未穿管保护，再加大使用空调等大功率电器，极易引发火灾事故。泡沫夹芯板燃烧时会发出大量有毒气体，会使人窒息昏迷，丧失行动能力，极易造成人员伤亡。

（五）员工消防能力弱

一些服装生产企业只重视经济效益，没有建立消防安全责任体系，对消防安全工作不重视，对员工从未开展过消防安全教育培训，没有传授过消防安全知识，致使员工不会扑救初期火灾、不会逃生，导致整体处置突发火灾事故能力不高。

二、服装生产的防火措施

（一）建筑防火措施

1. 服装生产按火灾危险分类属于丙类（固体可燃物质）生产。生产厂房的耐火等级、厂房的层数、最大允许占地面积、防火间距和疏散距离等建筑设计应遵守现行《建筑设计防火规范》的有关规定。

2. 服装厂不得设于易燃建筑内，内部分隔以及装修不得使用易燃可燃材料。

3. 服装厂应为独立建筑。在同一幢建筑内除设立服装工厂及其附属设施外，不得有居民混居或作其他用途。不得在服装工厂的同一建筑内建筑职工宿舍。如现有建筑内既有服装工厂、又住有居民时，应逐步迁出一方，或在服装工厂内安装喷淋灭火设施加以补救。

4. 服装生产中周转性原料、半成品、成品可临时存于车间，但储存地点需用实体墙、防火门与生产场地隔离。长时间储存的原料、成品应存于库房内，库房与生产车间应完全隔离，禁止将原料、半成品、成品储存在生产车间，尤其不可堆在机器设备边上和消防设施周围。

5. 服装工厂应保持疏散通道畅通，机器设备以及生产物资等不得封堵通道，安全出口的门应为平开门，不可设置卷帘门或侧拉门。

6. 设置与生产情况相适应的消防装备和灭火器材。棉花、布匹堆垛着火时，要用泡沫、直流水等对棉花有渗透性的灭火剂扑救,并在灭火后仔细检查堆垛内部深处有无持续阴燃的现象。

(二)电气防火措施

1. 车间、库房内的电气设备宜采用防潮封闭型;非封闭型的要加防护外罩。总开关应设在车间、库房的门外。进入车间、库房的动力、照明电线束或电缆束,应穿阻燃管,电气设备要有良好的保护接地或接零。

2. 设在车间内的电气开关及其他电气设备周围不可堆放杂物,特别是可燃物。电气设备上的飞絮、落尘应及时清除。

3. 各种型号的电熨斗应有温度调节自控装置,熨斗通电时应有显示标志。持温暂停使用时,要放在用不燃烧材料制成的托架上,熨烫结束必须指定专人及时断开电源。将熨斗全部收存在金属软皮箱内;并在下班后由专人负责进行认真的检查。采用蒸汽熨烫时,应注意蒸汽管道不能靠近可燃物,对落在蒸汽管道上的飞絮、布屑等可燃物要及时清除。

(三)消防管理措施

1. 厂房及库房内要设有良好的通风装置,库房内应经常保持阴凉干燥,防止物资蓄热自燃。在不影响生产的情况下,厂房内要保持较高的相对湿度,以防废絮、线绒、布屑等飞扬。

2. 机台布置要合理。横向相隔两行,纵向相隔十排即需留出不少于 2 米宽的纵横相连的通道,四周要留出不少于 1.2 米宽的墙距,不能在通道上和墙距里堆放原材料或成品。

3. 生产车间和储存原料及成品的仓库内禁止一切明火,禁止使用电热器具。

4. 对棉、布、绒、毛等原料,要认真进行加工前的检验,防止把火柴、铁屑、砂粒等杂物带入加工工序。

5. 建立并落实岗位防火责任制,及时清扫废絮、线绒、布屑等杂物,每天下班前要彻底清扫。

6. 生产中使用的棉花,应单独存放,从严管理。

7. 注意定期检查布匹的温度,如遇温度升高,应翻垛散热。

8. 机械设备要加强维护,定期检修,保障正常运行。高速转动的轴、轮等部位要定期、按时注入润滑剂。

鞭炮生产防火

鞭炮起源至今有1000多年的历史。在没有火药和纸张时,古代人便用火烧竹子,使之爆裂发声,以驱逐瘟神。这当然只是一种传说,但却反映了古代劳动人民渴求安泰的美好愿望。鞭炮称谓上各个历史时期不同,从爆竹、爆竿、炮仗和编炮一直到鞭炮。这种以烟火药为原料制成的产品,在生产过程中有很大的火灾、爆炸危险性,全国每年都有多起事故发生。如2014年12月7日上午9点左右,河南省安阳市高庄镇朱家营村村民朱某家,由于非法加工鞭炮发生爆炸,三层楼被夷为平地,并造成5人死亡、2人受伤。

一、鞭炮生产火灾危险性

(一)自燃自爆事故

1. 原材料问题。原材料纯度不够、含杂质高,或材料超过保质期等。

2. 原材料或药物受潮湿等。

3. 配料不当或辅助材料(如米汤、糨糊等)变质等。

4. 烟火药散热不尽、干燥不彻底等。

(二)明火与高温引发事故

生产过程中所有易燃、易爆物质遇到明火、高温等火源都会发生燃烧或爆炸。

（三）机械能作用引发事故

1. 违反操作方法。操作时摩擦、撞击、拖拉、用力过猛；不使用专用的工具等。

2. 干燥方法不当。干燥（日晒、烘房）时超过规定的温度、倒架、使用明火烘烤、药架离热源过近等。

3. 处理销毁废品方法不当。

4. 机械设计、制造缺陷或机械发生故障引发事故。

（四）环境条件引发事故

工作条件和环境是保证安全生产的重要方面，有许多事故就是由于忽视工作条件和环境造成的。例如，机械设备、工具不符合要求，电器开关防爆不良，工作场地通风不良，光线不足，操作场所堆积物多造成疏散通道不畅，出入通道太窄，工作空间拥挤，地面不清洁，厂房布局不合理，甚至野生、家养动物的活动引起的碰击都可以引起事故发生。

（五）摩擦冲击引发事故

摩擦或冲击是烟火药发生事故的主要原因，据事故统计分析，上述原因导致的事故占90%。如果在操作过程中避免摩擦和冲击，事故就可以大大减少。原材料中如果带进砂石和其他杂质，遇有摩擦，都会导致事故发生。凡药物车间，没有将药物清扫干净时，不允许对车间机械、工具和房屋进行维修。

（六）静电放电引发事故

1. 传动设备、装置容易产生静电。例如：机械的传动皮带和运输机的皮带转动时，由于与皮带轮摩擦产生静电。

2. 药物沿管道流动时，由于药物与管道摩擦，会产生静电。

3. 烟火药在搅拌、混合时也会产生静电。

4. 化工原材料在粉碎、筛选混合和液体喷成雾状时，都会产生静电。

5. 倾倒烟火药，从溜槽中溜下烟火药或用瓢舀取烟火药时会因摩擦产生静电。

6. 烟火药被压紧、装药、压药、筑药时，都会产生静电。

7. 操作人员穿化纤衣服、塑料鞋底和橡胶鞋操作或走路时都会产生静电。

（七）自然灾害引发事故

自然灾害引发的事故指由山火、山洪、火山、地震、雷击、大风等难以抗拒的自然因素所导致的次生灾害事故。

二、鞭炮生产防火措施

（一）领药操作

领药时要按照"少量、多次、勤运走"的原则限量领药。

（二）装、筑药操作

装、筑药应在单独工房操作。装、筑不含高感度烟火药时，每间工房定员2人。装、筑高感度烟火药时，每间工房定员1人。半成品、成品要及时转运，工作台应靠近出口窗口。装、筑药工具应采用木、铜、铝制品或不产生火花的材质制品，严禁使用铁质工具。工作台上等冲击部位，必须铺垫接地导电橡胶板。

（三）钻孔与切割操作

钻孔与切割有药半成品时，应在专用工房内进行，每间工房定员2人，人均使用工房面积不得少于3.5平方米，严禁使用不合格工具和长时间使用同一件工具。

（四）贴筒标和封口操作

贴筒标和封口时，操作间主通道宽度不得小于1.2米，人均使用面积不得少于3.5平方米，半成品停滞量的总药量，人均不得超过装、筑药工序限量的2倍。

（五）引线生产操作

手工生产硝酸盐引火线时，应在单独工房内进行，每间工房定员2人，人均使用工房面积不得少于3.5平方米，每人每次限量领药1公斤；机器生产硝酸盐引火线时，每间工房不得超过两台机组，工房内药物停滞量不得超过2.5公斤；生产氯酸盐引火线时，无论手工或机器生产，都限于单独工房、单机、单人操作，药物限量0.5公斤。

（六）干燥操作

烟火爆竹干燥作业时，一般采用日光、热风散热器、蒸气干燥，或用红外线、远红外线烘烤，严禁使用明火。

第八章　森林草原防火

森林素有地球之肺的美称,为我们提供了源源不断的资源和利益,它能大量地吸收二氧化碳,不断制造人类和其他生物所需的氧气,被誉为氧气制造厂、粉尘过滤器、天然蓄水库、绿色空调器。森林还是国民经济发展的基础,它在国家经济建设中具有不可替代的地位和作用。因此,无论是从培育森林资源还是保护生态环境出发,都应高度重视森林防火工作。

一、森林火灾危害

森林和人们的生产生活有着密切的联系,可是却时刻面临着火灾的威胁。尤其是冬季降水量小,风干物燥,一旦起火极易成灾。以2013年为例,全国发生森林火灾 3929 起,,受灾森林面积 13724.38 公顷,因森林火灾死亡 38 人,伤 17 人。如 2013 年 3 月 30 日,云南省邻近昆明市郊的安宁突发森林大火,原因系村民王某上坟焚烧冥纸时,不慎引发了山火。火灾现场过火林地面积为 2400 多亩。王某也因犯失火罪,被判处有期徒刑三年零六个月。

火灾是森林最危险的敌人,也是林业最可怕的灾害,它会给森林带来最严重、具有毁灭性的后果。森林火灾不仅烧毁森林,降低林木密度,伤害林内的动物,降低森林的利用价值,而且破坏森林结构,降低森林的更新能力,引起土壤的贫瘠和破坏森林涵养水源的作用,甚而导致生态环境失去平衡。森林火灾之后,很多地方变成荒山秃岭,从而大大降低了森林保持水土、涵养水源、调节气候的作用。森林燃烧时,还会产生一氧化碳、碳氢化合物、碳化物、氮氧化物及微粒物质,占比 5% ~ 10%。除了水蒸气以外,所有其他物质的含量超过某一限度时都会造成空气污染,危害人类身体健康及野生动物的生存,从而破坏了森林生态系统。同时,扑救森林火灾还会消耗大量的人力、物力和财力,一些较大的森林火灾还会威胁到森林附近村镇和其他居住点人民群众的生命财产安全。

二、森林火灾原因

森林火灾的起因主要有两大类:人为火源和自然火源。

(一)人为火源

在人为火源引起的火灾中,以开垦烧荒、吸烟等引起的森林火灾最多。在我国的森林火灾中,由于炊烟、烧荒和上坟烧纸引起的火灾占了绝对数量。人为火源包括以下几种:

1. 生产性火源:包括农、林、牧业生产用火,林副业生产用火,工矿运输生产用火等,如烧荒、烧垦、放炮采石等用火。

2. 非生产性火源:如野外炊烟、做饭、烧纸、取暖、燃放爆竹礼花等。

3. 故意放火:报复纵火、精神病放火、自焚等。

(二)自然火源

包括雷电火、自燃等自然火。由自然火源引起的森林火灾约占我国森林火灾总数的 10% 左右。

二、森林防火须知

尽管当今世界的科学发展日新月异,但是人类在防范和制服森林火灾上,却尚未取得长足的进展。森林防火的方针是"预防为主,积极消灭"。预防是森林防火的前提和关键,消灭是被动手段,挽救措施。只有把预防工作搞好了,才有可能不发生火灾或少发生火灾。

(一)踏青防火

1. 春游踏青时,不能把打火机、火柴等火源带到山林中,更不能在山林野外随意抽烟、乱扔烟头。

2. 学校和家长要教育学生、小孩,不能在野外玩火、用火,尤其是在山林野外组织篝火晚会或烧烤时,应时刻注意防火,不能遗留火种。

3. 在景区和山林游玩,要将随身携带的废弃报纸、包装盒等垃圾带走,千万不要随意随处焚烧。

(二)野炊防火

1995 年 4 月 5 日,山西省朔州市怀仁县某小学 195 名学生在 10 位老师带领下到山上春游,因野炊引发山火,师生自行扑救,当场烧死学生 29 名,另有 4 人受伤。野炊的火灾危险性很大,一般山林防火管理都有禁止在林中野炊的规定。特殊情况确需安排野炊时,应特别注意消防安全,野炊应做到:

1. 时间上应尽量选择风小或无风的时候进行,否则锅灶中的火星极易四处飞散,点燃周围的枯草等可燃物。

2. 野炊地点应该尽量选择空旷、靠近水源的地方。

3. 不要选蚊虫较多的地方,也不要选择山洞等封闭场所,防止燃烧导致一氧化碳中毒。

4. 事先做好安全准备,如在生火前清理地面,不要选择有灌木或过多的树木的地方野炊,下风口周围不要有易燃物品,以防万一。

5. 划定并清理出至少 10 平方米以上的面积作为用火区,防止用火疏忽造成火灾蔓延。

6. 野炊结束后,一定要确定火种完全熄灭后方可离开。

(三)祭扫防火

1. 推行文明扫墓,提倡无烟祭祀。要严格遵守墓区的防火规定,特别是不要在山林、杂草密集地段使用明火、焚烧纸钱、燃放烟花爆竹等。

2. 严禁在上山祭扫(祭奠亡灵,打扫坟墓)时吸烟、燃放烟花爆竹,防止起火失控,使"林海"变成"火海"。

3. 如需烧纸,烧纸前应尽量清理干净燃烧点周围的枯枝落叶等可燃物,在事先圈定好的阻燃围栏、挖好的深坑或自带的桶、盆中进行。待烧完纸钱后,一定要将灰烬清理干净,以免死灰复燃,切记要等纸钱、香烛等余火燃尽方可离去。

4. 祭扫最好到指定地点烧纸、焚香、放炮。严禁在房屋附近的草坪上、燃气管道旁、高压线下、汽车旁、沼气池与化粪池边、芦苇草垛及工地、工棚附近焚香烧纸,燃放烟花爆竹,防止因燃气泄漏或引燃沼气而发生爆燃。

5. 自行驾车前往墓地祭扫时,莫将车辆停放在消防车道上,保证消防车道的畅通。

6. 防止儿童玩火,教育孩子不要随意玩火。

另外,祭扫时一旦突遇火灾,要保持镇静,及时拨打 119 或 110 报警。逃生时,不要盲目跟从人流乱冲乱撞,要判明火势燃烧方向,果断地迎风跑出火灾包围圈,切勿顺风而逃。

草原防火

草原(场)是农牧民赖以生存的绿色家园,广大人民群众应当像保护自己的家一样保护草原(场)。在草原(场)防火期,特别容易发生火灾。以 2013 年为例,全国发生草原火灾 90 起,,受灾草原面积 35077.2 公顷。草原(场)火灾扑救难度大,有时还会造成人员伤亡事故。如 2010 年 12 月 5 日中午,四川省道孚县鲜水镇孜龙村由于小孩玩火造成草原火灾,当地立即组织干部群众上山扑救。下午 3 点 10分左右,正在处理余火时,突起大风,火势加大,部分扑救人员遇难。其中包括 15名战士,5 名群众,2 名林业职工。

一、草原火灾的危害

草原（场）火灾不仅会给受灾户带来经济损失,造成人员伤亡,甚至烧毁国家和地方建设基础设施,使国家和人民生命财产遭受严重损失。尤其是草原火灾除容易造成牲畜损失外,还烧掉了牲畜赖以生存的牧草,严重影响畜牧业生产;草原火灾过后,造成地表裸露,易受大风侵袭而使表土层丢失,不利于水土保持,引起表土层有机物减少,对草原生态系统产生不良影响;我国草原与森林交叉分布,草原一旦起火,极易烧入林区,威胁林区生产安全。

二、草原火灾的成因

草原（场）起火的原因主要有人为因素、自然因素、境外火蔓延三大类。人为因素主要有机动车引擎喷火、野外乱扔烟头、禁火区小孩玩火、烧荒积肥生产性用火和当地居民倾倒的炉火复燃等。在我国由于人为因素引发的火灾次数占草原火灾总次数的90%以上。

三、草原火灾的特点

（一）季节性明显

我国草原（场）火灾一般多发生在每年的春季（3~6月）和秋季（9~11月）。春季,随着草原（场）地区积雪逐渐融化,高温、大风天气增多,进入草原火灾高发期;秋季草原（场）植被开始枯黄,降雨减少,较易发生草原（场）火灾。

（二）突发性强

草原（场）面积大,地势平坦,可燃物易燃,一旦发生火灾,在大风作用下,火势迅猛扩展,难以控制;由于草原地区风向多变,常常出现多叉火头,蔓延速度快,形成火势包围圈,人、畜转移困难,极易造成伤亡,危害性严重。

四、草原消防管理措施

承包经营草原的个人对其承包经营的草原（场）,应当加强火源管理,消除火灾隐患,履行防火义务。防火期内、林区、牧区和居民点、农牧林场、贮木场、草堆、仓库、油库、营房、工棚等,必须在周围开出30米以上宽度的隔离带。具体的消防管理措施有:

1. 县级以上地方人民政府应当根据草原（场）火灾发生规律,确定本行政区域的草原（场）防火期,并向社会公布。

2. 防火期内,因生产活动需要在草原（场）上野外用火的,应当经县级人民政府草原防火主管部门批准。用火单位或者个人应当采取防火措施,防止失火。因生活需要在草原（场）上用火的,应当选择安全地点,采取防火措施,用火后彻底熄灭余火。除以上情形外,在防火期内,禁止在草原（场）上野外用火。

3. 防火期内,禁止在草原(场)上使用枪械狩猎。在草原(场)上进行爆破、勘察和施工等活动的,应当经县级以上地方人民政府防火主管部门批准,并采取防火措施,防止失火。部队在草原(场)上进行实弹演习、处置突发性事件和执行其他任务,应当采取必要的防火措施。

4. 防火期内,在草原(场)上作业或者行驶的机动车辆,应当安装防火装置,严防漏火、喷火和闸瓦脱落引起火灾。在草原(场)上行驶的公共交通工具上的司机和乘务人员,应当对旅客进行防火宣传。司机、乘务人员和旅客不得丢弃火种。对草原(场)上从事野外作业的机械设备,应当采取防火措施;作业人员应当遵守防火安全操作规程,防止违章或过失引起火灾。

5. 在防火期内,经本级人民政府批准,草原(场)防火主管部门应当对进入草原(场)、存在火灾隐患的车辆以及可能引发火灾的野外作业活动进行防火安全检查。发现存在火灾隐患的,应当告知有关责任人员采取措施消除火灾隐患;拒不采取措施消除火灾隐患的,禁止进入草原或者在草原(场)上从事野外作业活动。

6. 出现高温、干旱、大风等高火险天气时,县级以上地方人民政府应当将极高火险区、高火险区以及一旦发生火灾可能造成人身重大伤亡或者财产重大损失的区域划为草原(场)防火管制区,规定临时管制期限,及时向社会公布,并报上一级人民政府备案。

7. 在防火管制区和管制期内,禁止一切野外用火。对可能引起草原(场)火灾的非野外用火,县级以上地方人民政府或者防火主管部门应当按照管制要求,严格管理。进入防火管制区的车辆,应当取得县级以上地方人民政府防火主管部门颁发的防火通行证,并服从防火管制。

8. 草原(场)上农(牧)场、工矿企业和其他生产经营单位,以及驻军单位、自然保护区管理单位和农村集体经济组织等,应当在县级以上地方人民政府的领导和防火主管部门的指导下,落实草原(场)防火责任制,加强火源管理,消除火灾隐患,做好本单位的草原(场)防火工作。铁路、公路、电力和电信线路以及石油天然气管道等经营单位,应当在其防火责任区内,落实防火措施,防止发生火灾。

五、草原防火常识

1. 在草原(场)防火期内,外出人员必须持有防火证。

2. 野外集体行动人员,必须有专人管火。

3. 严禁在野外用火,不准上坟烧纸、烧茬、烧荒。生产用火必须经旗县(市)批准,保证安全。

4. 野外施工单位,临时性宿舍周围必须采取清理草场或打开防火线。

5. 野外使用易燃物品要严禁明火,明火作业必须严加管理。

6. 汽车、拖拉机和摩托车,越公路进入林、牧区时必须安装防火罩,保证排气管不引起火灾。

7. 屋内生火必须有人看管、烟囱必须上防火罩,五级风以上天气,停止一切生活生产用火。

8. 不得在野外吸烟;倒灰不得夹带火种。

9. 严禁儿童携带火种或玩火。

10. 杜绝用炸药或使用燃烧弹、闪光弹打猎。

11. 加强防火巡查,提高警惕,严防有人蓄意纵火。

12. 人人注意观察火情,发现火情迅速报告并采取有效措施积极扑救。

第九章　农村其他防火

节日防火

　　每逢重大节日,火灾事故也进入高发时段。据公安部消防局统计,2014年春节期间(1月30日0时至2月6日12时),全国共发生火灾17760起,死亡43人,受伤17人,直接财产损失5186万元。节日期间,免不了需要走亲访友、娱乐聚会或外出旅游,而在尽情享受生活的同时,消防安全意识丝毫不能放松,相反由于节日火灾危险因素多,要更加绷紧安全这根弦,以免"乐极生悲"。

一、节日生活防火

(一)用电防火

节日期间,用电量增大,家庭用电时应注意将大功率的电器调开使用,避免电线因负荷过重而引发火灾。如果出现灯光闪烁、电视图像不稳、电源插座发烫和冒火星等现象,要及时停止使用大功率电器。同时,应该经常检查电线线路,防止老化、短路、漏电等情况发生。另外,注意不要在节日期间擅自拉接临时电线。

(二)烹调防火

在家过节的市民使用液化气、热油时都应该小心谨慎,严防火灾。家庭用火时应注意看守,不要远离火源。烧菜时应避免油温过高而引发火灾。万一起火也不要惊慌,可用锅盖将油锅盖紧,也可将备炒的蔬菜迅速倒入锅内,关闭火源,稍过片刻,火就会自行熄灭。切记,油锅着火时千万不要用水扑救。

(三)吸烟防火

节日期间,聚会饮酒过量时,切莫吸烟,以免不小心引发火灾。不能坐在或是躺在床上吸烟,抽完后烟蒂不要随便乱丢,更不可随意扔在废纸篓内或可燃杂物堆上,一定要放在烟灰缸中,并确保烟头熄灭。同时注意不要让儿童吸烟。

(四)聚会防火

节日期间,歌舞厅、影剧院以及小剧场等各类人员密集场所一定要严格落实消防安全责任制和各项安全防范措施,最重要的是要确保安全疏散通道、疏散楼梯、安全出口畅通,做到一旦发生火灾,人员能够及时疏散。聚会人员在饭店、酒吧、KTV 包间等场所聚会欢唱时,千万不要在房间内点蜡烛、乱扔烟头和燃放烟花。

(五)活动防火

节日活动期间,不能携带易燃、易爆物品去看电影、逛商场。不能在电影院、商场内燃放烟花、爆竹。禁止吸烟或随意丢弃烟头、火种。在公共场所要遵守秩序,不能随意乱跑。到商场、市场等人员密集场所或公共娱乐场所购物消费时,要事先熟悉这些场所的疏散通道和安全出口位置,以防不测。

二、燃放烟花爆竹防火

新春佳节,人们常燃放烟花爆竹来欢庆一番,这是我国的一种传统民俗。现代的烟花爆竹,品种繁多,有声、光、烟、色、造型等各种效果,更增添了喜庆气氛。可是,事物都是有两重性的,烟花爆竹燃放不当,喜悦瞬间就会变成悲伤。以往每逢春节,因燃放烟花爆竹不当而引起的火灾、伤人事故时有发生。统计资料显示,1990—2013 年我国春节期间因燃放烟花爆竹共发生火灾 73006 起,占火灾总数的41.9%,造成 1444 人死亡,1192 人受伤。如 2010 年 2 月 26 日 20 时,广东省普宁市军埠镇石桥头村,一村民燃放烟花引起爆炸,导致附近几户民宅玻璃被震碎,并有一户民宅起火,造成 19 人死亡,50 人不同程度受伤。因此说燃放烟花爆竹必须保证安全,否则可能点燃的就是一场灾难。

（一）购买质量合格产品

一定要到经有关部门批准的指定商店购买，切不可到非指定商店或地摊上购买，以防购得劣质商品。拉炮、掼炮是国家明令禁止生产的产品，千万不要买来燃放。如发现有人违章销售，应立即报告公安机关来处理。

（二）掌握正确燃放方法

燃放者要保持清醒的头脑，思想意识不正常或喝酒后不要燃放烟花爆竹；未成年的小孩或智障人慎用烟花爆竹产品；燃放时出现异常情况，如熄火现象，千万不要马上接近，也不要再点火，此时应停止燃放，等弄清原因，再行处理，一般过 15 分钟后再去处理为宜。

燃放操作应按照产品说明进行，了解并遵守燃放注意事项，如燃放烟花时不可倒置；吐珠类烟花，最好能用物体或器械固定在地面上燃放；喷花类、小礼花类、组合类烟花燃放时，平放地面固牢，燃放中不得出现倒筒现象；燃放旋转升空及地面旋转烟花，必须注意周围环境，放置平整地面，点燃引线后，离开观赏；手持烟花不应朝地面方向燃放。

（三）选择安全燃放地点

燃放烟花爆竹要遵守当地政府有关的安全规定，同时应注意将烟花爆竹存放在安全的地方，还应注意燃放场所的限制，一般要求有：

1. 不得在室内燃放。

2. 不得对人或对动物燃放。

3. 不得在楼上的窗口、阳台、平台上燃放。

4. 不得在有易燃易爆物资存放的地方进行燃放。

5. 不得在行驶的车辆、船舶上燃放。

6. 不得在森林、草原中燃放。

7. 不得在架空电力线和通讯、有线广播线底下燃放。

8. 不得在其他不具备安全条件的场合燃放，如棚户区、小弄堂、加油站、变电站、燃气调压站附近、可燃物资仓库、草堆、古建筑、学校、医院旁等。

另外，万一因燃放不慎发生火灾，不应一走了事，要立即拨打火警电话，同时开展自救（未成年人不应参加灭火），力争在第一时间内救人控火，最大限度减少人员伤亡和火灾损失。

集市防火

集贸市场主要是由农副产品市场、日用工业品市场和综合市场组成，市场内门面比较集中。我国的集贸市场遍布城乡，既搞活了经济，也方便了城乡居民的生活。但是集贸市场火灾危险大，重特大火灾在全国屡有发生。如2013年12月11日凌晨1时29分，深圳市某农批市场发生火灾，过火面积约1000平方米，共造成16人死亡、5人受伤。集贸市场发生火灾往往造成的损失大，人员伤亡多，社会影响也比较大，所以对于集贸市场火灾必须严加防范。

一、集贸市场的火灾危险性

(一)建筑简陋,防火条件差

我国的集贸市场除近些年来统一兴建的大型市场以外，中小型和旧有的集贸市场多数为棚顶市场、临街市场、地下市场等，普遍存在着建筑耐火等级偏低、建筑简陋易燃、防火间距不足、缺乏防火分隔、安全疏散通道和出口宽度不够、灭火设施装置不足以及商品分布未考虑防火灭火要求，摊位柜台密度过大、间距不足等问题，有的甚至是占用消防车通道或建筑防火间距的违章市场，严重威胁周围建筑的防火安全。

（二）商品集中，可燃物较多

集贸市场的商品除农贸市场中鲜湿农副产品外，其余商品如服装、鞋帽、塑料制品、交电、文具、工艺美术、家具等，均属可燃商品。有些商品如油漆、气体打火机用的丁烷气瓶等化工制品属于易燃危险品。一些市场还经营烟花爆竹，绝大部分市场没有设置专用仓库，商品储存管理混乱，火灾隐患比较严重。

（三）人员密集，疏散难度大

集贸市场商品云集，不仅有个体商业户，一些国有、集体商业单位也进入集贸市场参与竞争，且经营的商品大都以居民群众生活中吃、穿、用不可缺少的商品为主，顾客流量很大。特别是在节假日等高峰时段，许多市场的顾客流量远远超过市场的承受能力，一旦发生火灾，疏散非常困难。

（四）违章经营，用火用电多

集贸市场内的商店，除日常照明、夏季排风等用电外，广告橱窗内的霓虹灯、商店内的照明灯、节日或展销期间的彩灯，以及住店人员烧水煮饭用的电热器具，都离不开用电；有的市场店户还在店内使用液化石油气灶具。不少市场为前店后仓，店中有店，商务洽谈、生活起居混于一室，用火、用电点多量大，加上许多市场用火、用电、用气没有统一规划和管理，店户各行其是，容易发生火灾事故。

（五）管理滞后，隐患难消除

集贸市场的消防安全应由其主办单位负责，工商行政管理机关予以协助。但不少集贸市场无主管单位，或由于主办单位工作责任不落实，有关部门配合协调不够，没有成立防火安全管理机构，没有建立健全防火安全管理制度，防火安全管理完全处于失控和无序状态。火灾隐患无专人负责检查和督促整改，消防监督提出的整改意见因责任主体不明、资金缺乏等难以得到落实。

二、集贸市场的防火措施

（一）建立消防管理组织，落实防火主体责任

集贸市场的消防安全工作由主办单位负责，工商行政管理机关协助，公安消防机构实施监督。主办单位应当建立消防管理机构，多家合办的应当成立由有关单位负责人参加的防火领导机构，统一管理消防安全工作。集贸市场内应当建立健全消防安全值班和巡逻检查制度。集贸市场内的各类人员，应当接受市场主办或合办单位的防火安全管理，各摊位经营人员有接受消防安全教育和培训、参加义务消防组织及扑救火灾的义务。

（二）履行消防审批手续，规范市场经营秩序

所有新建、扩建、改建及进行室内装修的集贸市场，其防火设计必须符合国家

有关消防技术规范的规定,并报当地公安消防机构审核。工程竣工后,应当经公安消防机构验收合格方可使用。主办单位和经营者如需改变建筑布局或使用性质,应当事先报经当地公安消防机构审核批准。

市场内要按商品的种类和火灾危险性,划分若干区域,区域之间应留出足够的安全疏散通道,禁止在市场内乱搭乱建,不得占道经营、出店经营。半敞开式建筑的顶棚应当采用非燃或难燃材料,露天集贸市场应当留出消防车通道,不得影响公共消防设施的使用。集贸市场与甲、乙类火灾危险性的厂房、仓库和易燃材料堆场要保持 50 米以上的安全距离。在高压线下两侧 5 米以内,不得摆摊设点。

(三)制定消防安全制度,加强用火用电管理

集贸市场内严禁经营易燃易爆物品,严禁燃放烟花爆竹和焚烧物品。在划定的严禁烟火的部位或区域,应当设置醒目的禁烟、禁火标志。集贸市场内动火必须履行审批手续,落实防火监护措施。集贸市场内的电气线路和用电设备,必须符合国家有关电气设计、安装规范的要求。集贸市场内经营者使用的电气线路和用电设备,必须统一由主办单位委托具有资格的施工单位和持有合格证的电工负责安装、检查和维修。严禁个人拉设临时线路。集贸市场营业照明用电,应当与动力、消防用电分开设置。室外集贸市场不应设置碘钨灯等高温照明灯具。集贸市场内的电源开关、插座等,应当安装在封闭式的配电箱内,配电箱应当用非燃材料制作。

(四)完善建筑消防设施,增强应急处置能力

集贸市场内的营业厅、办公室、仓库等用房,应当按照国家标准《建筑灭火器配置设计规范》的规定,由主办或合办单位负责配备相应的灭火器材。集贸市场还应当配备基本的消防监控、消防通讯和火灾警报装置,有条件的应安装火灾自动报警、自动灭火等设施,做到发生火灾及早发现,有效处置。

总之,集贸市场人流量大,而且与人们的生活息息相关,所以我们必须时刻警惕着有可能发生火灾的隐患,及时消除事故苗头;市场管理单位应加强防火宣传,设置防火警示标志,与各经营户签订防火责任书,督促落实火灾预防措施。

出 行 防 火

外出旅行,除了应做好出行前的家庭防火工作外,还应根据出行乘坐交通工具以及到达和进入的场所、环境,随时随地注意防火,自觉遵守各类场所的消防安全规定,一旦遭遇火情及时有效应对,特别要做好自身及随行人员的安全防护。

一、出行前家庭防火

外出者在离家出行之前,应仔细排查家中是否遗留火灾隐患。排查重点为火源、电源、气源、水源以及物品特别是易燃易爆危险品放置情况。检查无误后,方可锁门外出。检查内容一般为:

1. 门窗是否关闭。

2. 水阀是否关闭。

3. 火源是否熄灭。

4. 液化气罐及炉灶上的阀门是否关严。

5. 天然气入户总管上的阀门是否关闭。

6. 室内各种电源插头是否拔掉,最好拉总闸断电。

7. 室内易燃物是否清扫干净。

8. 阳台及室外晾晒的衣物等是否收回。

9. 饲养的动物、宠物是否安排妥当。

10. 如有人在家留守,安全是否有可靠的保障。

二、乘坐交通工具防火

1. 做好家用机动车辆的日常检查和保养,在行使、维修、清洗、停放过程中,要注意安全,重点是防止电路老化、油路漏油、机械摩擦等隐患引发火灾。

2. 自驾车辆时不要在汽车的挡风玻璃、驾驶座等处放置压力容器以及打火机等易燃易爆物品。

3. 行驶中应严格遵守交通规则,避免因交通事故引发车辆火灾;随车应配置灭火器、石棉毯等消防器材。

4. 汽车、摩托车等交通工具驶入加油加气站应熄火。

5. 加油加气站等易燃易爆场所严禁吸烟。加油站是严禁烟火场所,一般都张贴有警示标志,但违规现象仍屡禁不绝。如 2014 年 1 月 7 日上午 10 时许,海南省文昌市文城镇一员工在给摩托车加油时吸烟引发火灾,导致两人被烧伤,消防官兵奋战 1 小时扑灭火灾,避免了更大危害。

6. 在乘坐汽车、火车、轮船、飞机等交通工具时,应遵守安全管理规定,严禁吸烟,严禁携带烟花爆竹、油漆、香蕉水、打火机气体等易燃易爆危险物品。

7. 发现他人违规携带易燃易爆危险物品,应制止或告知司乘人员采取安全处理措施。

8. 各类交通工具都应配备相应的消防器材,如灭火毯、灭火器、安全锤等。

三、住宿宾馆旅店防火

1. 要熟悉安全出口位置。在宾馆客房门的背后,一般都能找到安全疏散示意图,标明房间所在位置和安全出口位置,同时会用红色箭头指明疏散方向。最好亲自沿着路线走一遍,便于一旦遇到火灾事故时,能在最短的时间内准确无误地逃离到安全出口处。

2. 了解消防设施设置情况。宾馆内部往往配有相应的灭火器、室内消防给水、自动灭火和报警设施以及逃生器材。宾客应认真阅读宾馆提供的相关信息,对消防设施状况做到心中有数,尤其要全面了解客房附近走道可使用的消防设施,消防知识缺乏的人员,可以向消防控制中心或宾馆指定的部门咨询,并熟记宾馆内部报警电话。

3. 自觉遵守防火安全规定。切记不能乱扔烟头、火柴梗,或躺卧在沙发上、床上吸烟。严禁将易燃易爆物品带入宾馆,如有此类物品应交给总台或安全保卫部门。在客房内严禁使用明火和大功率电器设备,离开房间时一定要切断电源。

4. 掌握逃生基本常识。一旦发现火灾,千万不能打开房门观望,因为火灾时容易形成冷热空气对流,使烟雾扑面而来。火灾教训告诉我们,烟雾引起的中毒与窒息,是致人死亡的主要原因。如果火势较小,可用湿毛巾捂住口鼻沿楼梯逃生,火势较大无法脱身时,最好的办法是迅速用水浸湿床单、毛巾等堵塞房门的空隙,防止烟气窜入,等待救援。

四、进入公共场所防火

1. 进入公共场所时,首先查看公共场所平面图,有意识地了解内部基本地形,熟悉所有通道的走向,以便在火灾发生时,迅速逃生。

2. 遵守用火用电规定,在公共场所内不要随地丢弃烟头、违章使用明火。

3. 不随意进入安全通道不畅、人员超员以及使用气体、粉尘、油类与明火表演等可能引发火灾的演出与活动场所。

4. 公共场所发生火灾时,不要惊慌,要积极参加扑救(未成年人除外),并以最快速度报警。

5. 火势难以控制,应尽早乘烟雾不大时迅速离开。逃生时,用湿毛巾捂住口鼻,沿墙边放低身子前进,利用逃生标志从疏散通道与安全出口撤出。

6. 万一火势过大,无法及时疏散逃生,应选择相对安全的场所临时避难,设法报警并等待救援。同时,还要注意按照事故广播提示或现场工作人员的引导行事,切不可盲目逃生。

车 辆 防 火

一、电动自行车防火

电动自行车,是一种以蓄电池作为辅助能源的机电一体化的个人交通工具。它因其经济、便捷、环保等特点,广受大家的喜爱,已成为城乡居民近距离出行的主要交通工具,我国电动自行车年产量已达到 3000 万辆,截至 2014 年年底我国电动自行车保有量突破 2.3 亿辆。

随着电动自行车的广泛使用也暴露出了很多问题,电动自行车火灾时有发生,火灾起数、造成的人员伤亡和财产损失逐年上升。如 2008 年 12 月 5 日晚,位于安徽省铜陵市淮河路体育馆南侧的某商业门面房发生火灾,造成 5 人死亡,其中有 3 名未成年人,火灾原因为电动自行车长时间充电引起充电器线路短路所致。仅 2009—2013 年,各地消防部门调查统计的电动自行车火灾就有 799 起,造成 95 人死亡、58 人受伤,直接经济损失 5000 余万元。从各地调查统计的电动车火灾看,电气故障引发火灾的占 90% 以上,其中充电时发生火灾的占 80% 以上。

电动自行车充电发生火灾的原因,一方面是电动车本身携带的蓄电池在充电时严重发热造成短路、串电事故的发生引发着火;另一方面是充电器选择不合适,无过流过压保护功能、无充电饱和断电功能等,造成大电流充电、过度充电而引发着火事故。

需要特别说明的是,电动车在静放时也可能会发生自燃起火,这是为什么呢?大多数情况电动车在静放时,其蓄电池放置在车体内,虽然此时门锁触点处于断开状态,但是此时电动车本身某些部位如门锁触点之间,充电口电极之间等,仍然处于"有电"状态,如果这些部位电极之间绝缘材料绝缘电阻降低,则必然发生电极间放电,经过一定时间积累的效应,电极间绝缘电阻会越来越小,放电电流将越来越大,电极部位热效应越来越严重,一方面可引发易燃可燃材料的自燃着火事故发生,另一方面逐渐可造成电极间短路,触发大电流产生,在相关电气回路部位引发自燃着火事故。

(一)电动自行车的火灾危险性

1. 电气线路选型不合理,质量不可靠,敷设不规范。部分厂家擅自降低质量标准,选用的电线线径小、质量差,敷设未按照规定进行捆扎固定,插接件质量低劣,插接件处未做防水防尘处理,线路受震动摩擦易破损发生短路,负荷较大时线路过负荷发热或线路连接处氧化污染电阻增大发热引起火灾。

2. 电气保护装置安装不规范。在生产环节,一些厂家未在主回路上安装空气开关,未在分支回路中安装保险装置,或安装的电气保护装置不符合要求;在使用环节,由于安装的空气开关会出现起跳、保险丝熔断后更换不便,用户为图方便,擅自拆卸保护装置的现象比较普遍。

3. 防盗器未设保护,用户私自增加用电负荷。电动自行车防盗器的电源线不受电源开关控制,也未安装保护装置,容易引发火灾;而用户私自加装音响等用电设施,增大用电负荷,也容易导致线路过负荷。

4. 蓄电池和充电器故障。电动自行车充电器缺乏过充电、过电流保护装置,蓄电池充满之后不能转入安全充电模式,而是继续保持大电流充电,导致蓄电池高温,极板腐蚀,容易引起电池漏液或发热爆炸。

5. 存放场所充电线路故障。电动自行车存车棚内一般缺乏预设的充电设施,车主私拉乱接充电线路的现象较为普遍。多辆电动车同时长时间充电时,如果充电线路选用导线线径过小、未安装短路和过载保护装置,易造成充电线路过载、发热或短路,从而引起火灾。

6. 零部件采用易燃可燃材料制造。电动自行车上采用非金属材料制成的零部件,如果阻燃性能较差,在封闭空间内燃烧时释放的有毒烟气可致人中毒死亡,这也是电动自行车火灾事故中亡人现象较为突出的原因之一。

(二)电动自行车的防火措施

1. 购买车辆时,要选好品牌,检查电气装置。消费者在购买电动自行车时,要注意选择具有生产许可证、产品质量好的知名品牌的电动车,同时注意查看电动车是否具备欠压、过流保护功能和短路保护功能。

2. 使用车辆时,要勤加检查,经常维护保养。电动车在使用过程中,应避免撞击、倾倒、长时间暴晒或雨淋,防止损伤电气线路,不使用时切断空气开关。应做好日常维护,及时检查发现并排除各类故障。电动车发生故障后,不要私自拆卸,应选择专业的机构或人员进行维修,关键配件如充电器、控制器、电机、蓄电池应选择与电动车相配套的正规厂家产品,确保电气线路和保护装置完好有效。

3. 车辆充电时,要规范布线,限定充电时间。车辆充电应尽量在室外进行,充电时,应将充电器放置在比较容易散热处,附近不要堆放易燃易爆物品,或将电池拆下单独充电。充电线路要选择合适的线径,线路敷设应固定安装,要加装短路和漏电保护装置。应当按照说明书的规定进行充电,避免充电时间过长,充电时间一般应控制在 8 小时之内。

4. 存放车辆时,要搞好管理,配置消防器材。实行集中存放的场所,电动车和自行车分开存放,并按照规定配置消防设施和器材。不得在建筑首层门厅、走道及楼梯间内存放电动车或为车辆充电。集中存放电动车的房间宜设置简易自动喷水灭火系统,安装防火门,配备灭火器材。

二、汽车防火

汽车是现代使用的最为广泛的交通运输工具。据公安部交管局公布的数据,截至 2014 年年底,中国机动车保有量达 2.64 亿辆,其中汽车 1.54 亿辆。小型载客汽车数量为 1.17 亿辆,其中私家车达 1.05 亿辆,全国平均每百户家庭拥有私家车 25 辆。随着经济的发展,农村个人拥有汽车的数量也日益增多。汽车上除了油箱、油路外,其他部件如轮胎、内部装修设施等也是可燃物,车上还设有电器和其他电源,很容易发生火灾。如 2010 年 7 月 4 日 23 时许,江苏无锡雪丰钢铁公司夜班接送人员的车辆突然在隧道中起火,车上乘员 45 人,其中 24 人当场死亡,19 人受伤。以下简要介绍一下汽车火灾特点、火灾常见原因以及防火注意事项。

(一)汽车火灾特点

1. 起火快,燃烧猛。汽车用汽油作燃料,燃点低、易挥发、点火能量小、遇火即可爆燃;油品及橡胶管、轮胎等均为易燃物品,火灾荷载大,燃烧时产生巨大热量,易造成猛烈燃烧;汽车在行驶中,供氧充足,促使火势迅猛发展。

2. 爆炸燃烧,大面积蔓延。汽车起火后,常伴有油箱、油管等盛油容器爆炸破裂,引起油品飞溅,形成大面积火灾。

3. 易造成人员中毒,疏散困难。车体的橡胶、塑料构件及其所载物品,在燃烧过程中,产生有毒有害烟雾。如因撞车、翻车起火,车门被碰撞挤压变形,开启困难,人员来不及疏散,易造成人员伤亡。

4. 火灾损失大。汽车行驶途中,远离消防队和居民区,一旦起火,来不及救助,易造成较大损失。

(二)汽车火灾常见原因

1. 油路管道损坏,油品漏出,遇电火花、高温起火。如汽车油路管道固定不牢或老化,很容易引起油管与汽车其他部件撞击摩擦,造成管道外壁磨损漏油,遇电火花、高温起火。

2. 电器线路绝缘层损坏造成短路起火。电气线路遍及整个汽车车身,在使用过程中,如线路老化磨损容易造成电气线路短路。

3. 汽车零件损坏脱落与地面摩擦,引燃可燃物起火。

4. 汽车修理后有手套、抹布等遗忘在排气管或发动机上,因高温加热而引燃引发火灾。

5. 公路上晒有谷草等,缠绕在转动轴上摩擦发热起火。往往在夏季乡村道路上,存在打场晒粮现象,如果车辆在晒有谷草的公路上行驶较快时,谷草易缠绕在转动轴上摩擦发热引发火灾。

6. 乘客吸烟乱扔烟蒂引起火灾。

7. 乘客携带化学危险品上车引起火灾。

8. 在装运可燃货物时,押运人员随手乱扔烟头或外来火源(如烟囱、烧麦秸秆飞火)引发火灾。

9. 制动器出现故障(制动摩擦片摩擦高温引燃轮胎)引发火灾。

10. 停放时的火灾原因。汽车停放时发生火灾,大多是在停放前遗留火种,或电器线路短路,油箱漏油等原因所引起。

(三)汽车防火措施

1. 养成个人驾车或乘车的良好习惯,尽量不要在车里吸烟,吸烟后采取措施彻底熄灭烟头。

2. 做好车辆维护保养,车主应定期到专业的汽车修理店对车辆进行保养、维护,确保供油系统、电路系统等完好,减少设备故障、老化导致的火灾可能性。不可按照个人喜好进行加大发动机功率、线路负荷的改装。

3. 汽车上路行驶前,要认真进行检查,确认机件良好,特别是电路、油路系统良好,防止"带病"运行。行驶中如发生故障,要及时查明原因并进行维修。

4. 在高温季节,不要在汽车的挡风玻璃、驾驶座等处放置压力容器以及打火机、花露水等易燃易爆物品,由于车内温度高,又有可能处于阳光直射下,这些物品受高温影响可能产生爆燃,造成严重后果。

5. 车辆在有谷草的道路上行驶时,驾驶员要特别注意,保持低速行驶,当发现异常情况,应立即停车检查。

6. 要严禁携带危险化学品的乘客上车,如有发现,应立即采取安全措施。

7. 装运可燃货物时,必须对货物进行严密包裹覆盖,押运人员和其他随车人员不得抽烟。

8. 开车时严格遵守交通规则,留意路况、车况,防止发生交通事故,再引发火灾、爆炸事故。

9. 避免长时间行车,行车1~2小时就要停车休息十几分钟,避免马达过热。

10. 汽车上装有化学危险物品或进入有易燃、易爆场所及其他禁火区域,应配戴火星熄灭器(防火帽)。

11. 汽车要随车配备灭火器材,如灭火毯、灭火器、防火沙等灭火设施。

12. 正确处置车辆故障。如果发现车前盖冒烟,切勿盲目直接打开。正确的做法是:将车停靠在安全位置后立刻报警,并做好灭火准备,将灭火器拿在手中,最后才打开车前盖。车前盖在密闭状态下处于缺氧状态,火苗可能燃烧不旺。如果贸然打开前盖,氧气大量涌入,可能造成火势猛然增大。如汽车驶入禁火区域(如加油站)时发生故障,不得就地修理,应推出禁火区域后再进行修理。

船舶防火

火灾是船舶最危险的事故之一。无论什么类型和规格的船舶,无论是在内河、湖泊还是在海上,也无论是在营运还是在停泊、修理中,都有可能发生火灾。而且随着航运规模的扩大,船舶规格的增加,火灾带来的损失也在增大。如 2014 年 2 月 7 日 11 时许,标有"浙岭渔冷"字号的一冷藏船在海上航行时,由于船机舱尾部一盏直流照明灯与底座脱落,灯泡玻璃外壳碎裂,灯丝直接接触底舱油污和杂物,使得油污分解发热,油气蒸发引起火灾,导致 6 人死亡、1 人烧伤的严重后果。

一、船舶的火灾危险性

物质燃烧有三大要素:可燃物、氧气、热源。对于船舶来说,可燃物品种类数量较多,包括船上工作人员生活必需的设施,如木质家具、围壁、天花板、纺织品、橡胶塑料制品;开动机器必需的各类柴油、机油;装运的货物等等。热源也随处可见,船上人员的烟蒂以及电器、电缆的故障起火等。这些因素的存在,均能引发船舶火灾事故。而且船舶在河海中航行,发生火灾不像陆地上那样容易扑救。有时即使有邻船或灭火船只去相救,也因风急浪大、火焰的炙烤而难以进行及时有效的救助,错过扑救的最佳时间。一旦火势大面积蔓延开来，很难再扑灭，所以很多船舶火灾的损失都特别大，同时严重威胁人身安全。总之，船舶的火灾危险性是危险因素多，一旦发生火灾难以扑救，损失大，易造成人员伤亡。

二、船舶的防火措施

船舶防火措施分为一般防火措施和结构防火措施。以下主要介绍一般防火措施，包括控制可燃物质、控制通风、控制热源、设置脱险通道等几个方面。

（一）控制易燃物

主要是对易燃油类的使用和布置给予必要的限制和规定。如首尖舱内不得载运燃油、润滑油及其他易燃油类。机炉舱的火灾极大部分是因舱内可燃液体溅落到热源上引起的。为了控制易燃油类，必须在船舶设计建造中遵守有关公约和规范规定。

（二）限制可燃装饰

在起居处所，由于对舱室的分隔以及隔热、隔声和表面装饰的需要，必须设置内装材料。应禁止采用大量的可燃材料，如胶合板、刨花板及泡沫塑料等。这些材料的采用会增加舱室的失火危险性。此外，室内的家具、纺织品以及外露表面的油漆、饰面材料等，在火灾时产生的高热及所生成的浓烟和有害气体，都对生命安全造成威胁。

（三）控制通风

船舶失火后，除应迅速切断可燃物质外，另一重要措施是迅速切断空气流通。因此，一切通风系统的主要进风口及出风口均应能在被通风处所的外部加以关闭。按此要求，机舱的一切风道，在失火时均应能从该处所的外部加以控制将其停止。例如机舱棚上的门应为自闭式，若具有门背钩，应能在失火时自动释放此门背钩使门自闭。

（四）控制热源

排气管及过热蒸汽管应严密包扎绝热层，其布置应尽量防止可燃液体落到这些热表面上；对厨房炉灶及其他高温设备采取必要的措施，油船禁止使用燃油炉灶，而应使用蒸汽或封闭式电气炉灶；炉灶的排气管道，在其通过起居处所或内有可燃材料的处所，应有防火隔热措施；起居处所及办公室、航图室、驾驶室内的电气设备应防止电气插座位置不当或遇水侵袭造成短路；防止舱室天花板后的灯具温度升高引燃装饰板造成火灾事故；油泵的挠性联轴器以及通风机的叶轮和运动部分，所用材料在运转中应不致产生火花；油船及拖带装有易燃易爆货物船舶的拖船，其发动机及锅炉的排气管上应设有火星熄灭器。

（五）设置防火分隔

船舶处所一般可分为三类，即起居处所、机器处所以及装货处所。用隔热及结构性限界面将起居处所与船舶其他处所隔开，一方面能在一定时间内阻止火焰从一个区域向另一个区域蔓延，在短时间内酿成大火；另一方面，可防止其他处所的火焰蔓延到起居处所，对人员造成危害。通常，起居处所失火，只要火焰不向机器处所蔓延，灭火所需消防水源的供应就能得到保证。

（六）布置脱险通道

船上发生火灾时，应有让逃生者紧急利用的适宜通道，以保证在最短的距离内抵达安全处所，这类通道称为脱险通道。脱险通道的布置、数量及通道本身的保护应满足一定的要求。

1. 机器处所。客船每一机器处所以及货船（包括油船）的重要机器处所，均应设置两个脱险通道。电梯不能视为所要求的脱险通道。总吨位小于 1000 吨的船舶，如布置有困难，上述脱险通道可免除一个。

2. 客船起居和服务处所。一切旅客及船员处所，均应布置两条脱险通道。设置以供到达登乘甲板的梯道或梯子，梯道的净宽不得小于 0.8 米，且梯道两侧有扶手。

3. 货船的起居处所和服务处所。货船（包括油船）的一切起居处所以及船员经常使用的处所，应有通往开敞甲板继而到达救生艇、筏的脱险通道。在起居处所的各层，每一独立处所至少应有两个远离的脱险通道。

4. 走廊只有一条脱险通道时其长度的限制。载客超过 36 人的客船为 13 米，载客不超过 36 人的客船为 7 米；货船（包括油船）为 7 米。

5. 无线电台处如没有直接通往开敞甲板的出口，则应有两个可供出入的脱险通道，其中之一可以是尺寸足够的窗户。

（七）设置火灾探测报警设备

船舶不可能杜绝发生火情，一旦失火，如能尽早发现，对扑救和控制火势都有利。火灾探测报警设备就是采用一种能发现失火征兆（如烟、热的气流或其他现象）并发出警报的自动设备。一旦出现这种警报，无论是真实火警还是误报，都应及时检查确认，如属实应立即采取施救与疏散等应急处置措施。

（八）设置灭火设备

船舶出现火情，灭火设备的完好有效是至关重要的。有时，明明一点小火，由于处置不当或灭火设备不能被尽快投入使用，结果延误了时机，造成了不应有的损失。船舶上的灭火设备一般分移动式和固定式两类。前者施救初起小火，后者扑救达到一定规模的火势。无论何种情况，均要确保火灾时即刻可用。

第十章　火灾应急处置

　　消防安全涉及各行各业、千家万户,关系到每个人的切身利益,只有"防"字当头,遵守消防安全规定,在生产生活中养成良好的消防安全习惯,熟练掌握并运用消防知识,才能远离火魔的侵扰。

　　为家庭配置防火灭火设施。在火灾发生的时候,家庭成员在夜间休息而被火灾围困,又或者家庭成员懂得灭火却苦于没有可以灭火的"武器",只能眼睁睁看着损失变大。所以,家庭居室内安装火灾报警装置、配置轻便的灭火器是有必要的。火灾报警装置,主要用于在睡梦中提醒家庭成员出现火灾,而灭火器的配备可以让家庭在发生小火的时候及时得到遏制,使火灾损失减至最小。

火灾报警

火灾报警,是人们发现起火时,向他人发出火灾信息的一种行为。根据"报警早,损失小"的浅显道理,任何人在任何时间和任何场所,一旦发现起火,都要立即报警。报警时,应根据火势情况,选择既快又好的方式。首先向附近人员发出火警信号,同时应以迅捷的方式报告公安消防队,然后再通知其他人员和有关部门,这是报警的基本程序。

一、向公安消防队报警

(一)报警方法

1. 直拨电话报警可直拨"119"号码。

2. 总机接转电话报警要通过接线员转接"119"。

3. 着火地没有电话,要就近寻找电话,利用附近机关、单位电话和公用电话等报告火警。

4. 着火地距消防队很近时,也可直接去人向消防队报警。

(二)报警要求

报警时,要向火警台值班员讲清以下内容:

1. 起火单位或住宅区的街道门牌或乡镇、村庄。

2. 起火物品,火势大小,有无爆炸危险物品,是否有人被烟火围困。

3. 报警人的姓名和所用电话号码。

4. 注意听消防队值班人员的询问,要正确、简洁地予以回答,待值班员说明消防队已派员出警,方可挂断电话。报警后,要立即派人到路口迎候消防人员,尽快带领赶赴火场。

需要强调一点的是谎报火警违法。谎报火警对社会的危害很大,它不仅有损社会公德,而且是扰乱社会秩序、妨害公共安全的违法行为。《中华人民共和国消防法》第四十七条规定:"谎报火警的,处以警告、罚款或者十日以下拘留。"各地公安消防队的119火警台都安装有电脑、自动录音器等先进设备,而且与电信公司联网,只要发现是谎报火警,火警调度台值班员在很短时间内就能查出报警的电话和人员。

二、向周围群众报警

(一)报警方法

1. 在人员相对集中的图书馆、网吧、居民楼、办公楼、乡村等可以用大声呼喊、敲钟、敲锣、广播等方法报警。在人员密集的学校、影剧院、歌舞厅、宾馆、饭店、商场等场所,可用广播或事先规定的警铃、警报、警笛报警。

2. 人员稀少的草原、牧区、山庄以及居民区夜间发生火灾,可用敲钟、敲锣、鸣警报、警笛等报警。

3. 报警时,可多种方法并用,如一边呼喊一边敲锣,或一边鸣警报一边广播。其他能引起人们注意的声响、视听器具都可以作为报警的工具,以引起人们的高度注意,促使他们迅速采取必要的行动。

(二)报警要求

1. 发现火情要冷静地观察和了解火势,选择恰当的方式报警,防止惊慌失措、语无伦次而耽误时间,甚至出现误报。报警信号要明确区别于其他的常用信号,让人们听到后,立即明白是发生了火灾。

2. 报警时要尽量使周围群众明白什么地点和什么东西着火,是通知人们前来灭火,还是让他们紧急疏散。

3. 人员密集的地方,在火势初起阶段短时间内还不能造成较大危害时,应注意通报火警方法和范围,为疏散的人员指明通道,避免人们因情况不明而引起惊慌混乱,争相逃生,堵塞通路,影响灭火和疏散,甚至因拥挤、践踏,造成人员伤亡。

火灾扑救

"致富千日功,火烧当日穷"。火灾有其发生和成灾的规律,星火可以燎原,小火能成大灾。因此,研究和掌握农村各类场所火灾发生的规律、特点和扑救对策,对于抗御火灾的侵袭和降低火灾的危害尤为重要。

一、火灾扑救的基本方法

燃烧是可燃物在火源与氧(或氧化剂)共同作用下发生的一种复杂的化学反应。可燃物、火源与氧是燃烧的三大要素,而且三要素必须在相互作用的情况下燃烧才能发生,因此,阻止燃烧的方法就是设法割断各要素之间的联系,成功了燃烧就会自动终止。根据这一机理,可以通过隔离可燃物、降低温度、降低氧浓度以及阻断化学反应的方法达到灭火的目的。一般认为灭火有以下四种基本方法。

(一)隔离法

隔离法就是将火源处或其周围的可燃物质隔离或移开,燃烧会因缺少可燃物而停止。如将火源附近的可燃、易燃易爆物品搬走;关闭可燃气体、液体管路的阀门,以减少和阻止可燃物质进入燃烧区;设法阻拦流散的液体;拆除与火源毗连的易燃建筑物等。

(二)冷却法

冷却灭火,是根据可燃物质发生燃烧时必须达到一定的温度这个条件,将灭火剂直接喷洒在燃烧的物体上,使可燃物的温度降低到燃点以下从而使燃烧停止。用水进行冷却灭火,是扑救火灾的最常用方法,二氧化碳的冷却效果也很好。

在火场上,除用冷却法直接扑灭火灾外,还经常冷却尚未燃烧的可燃物质及建筑构件、生产装置或容器。

(三)窒息法

窒息灭火法,是根据燃烧需要足够的空气这个条件,采取适当措施防止空气流入燃烧区,使燃烧物质缺乏或断绝氧气而熄灭。如油锅起火时,盖上锅盖就可以使火自行熄灭。这种灭火方法,主要适用于扑救封闭的房间、地下室、船舱内的火灾。

(四)化学抑制法

所有的物质燃烧都是以化学反应方式进行的,是通过燃烧链的形式不断地发展下去,因此,切断燃烧的化学链也可以达到灭火的目的。我们常见的干粉灭火器,其灭火主要工作原理就是利用化学抑制的方法有效终止燃烧。

二、建筑火灾扑救

农村乡镇大多远离公安消防队,发生火灾后,消防队到场所需时间较长,所以必须立足于群众自救。

(一)扑救原则与方法

1. 组建队伍,宣传普及灭火常识

行政村、村寨应普遍建立群众义务消防队或志愿消防队。成员以民兵、乡镇企业职工等青壮年劳动力为主,平时组织学习并掌握基本的报警知识和防、灭火知识,发生火灾后可及时组织起来灭火,把火灾扑灭在初起阶段。对广大农民也要宣传和普及最基本的灭火知识。

2. 加大投入,改善消防基础设施

可在人员集中或住户较多的大院附近修建消防水池,统一购置或动员村民自购一定数量的灭火器具,如灭火器、电动水泵、水枪和水带等。有条件的地方,应积极拓宽村镇公路,既为村民提供交通运输方便,又利于火灾发生时消防车出入。

3. 立足自救,及时扑灭初起火灾

(1)发现火情,如有通信条件,除电话报警外,还应通过广播、敲钟、敲锣及呼叫等信号发出警报,召集义务消防队和群众前来救火。

(2)在公安消防队到场前,当地的村长、乡镇长、义务消防队队长等负责人,应担负起灭火指挥的任务,组织火灾扑救。灭火中,如有人被火包围,应先设法救人;对受到火势威胁的易燃、易爆物品,有毒物品和贵重物品,要立即进行疏散。

(3)要利用现有的水桶、盆罐等作为运水工具,从火场附近的天然水源、水井或水缸里取水灭火;如水源距离火场较远,可采用传递运水的方法灭火。

(4)由于许多村民往往会不顾危险,冲入火场抢救财物,造成人员伤亡。公安派出所、村民委员会人员应根据火势情况,必要时组织设立警戒区域,维护火场秩序,防止有人乘乱哄抢财物或围观,确保火灾扑救工作的顺利进行。

4. 多措并举,有效控制火灾

(1)单独的农村住宅火灾若火势尚未突破外壳,要从门窗进入先消灭顶棚的火势,然后再消灭家庭用具的火势。

(2)对农村院落住宅火灾,应采取边控制、边疏散、边消灭的方法,控制火势向邻近房屋蔓延。

(3)连片的住宅或山寨火灾应采取保护重点、堵截火势的措施。如果力量不足,应动员村民将下风的建筑拆除或拆除外部易燃材料,也可动员村民将各家的棉被等用水浸透,覆盖在受到火势威胁的房子上面,阻止火势的蔓延。

(4)当水源不足或无法通车时,要发挥配备的手抬机动消防泵和当地抽水机具机动、灵活的优势灭火,及时调集村社的抽水机、电动泵,从田里、水库、堰塘、小河沟内抽水,保证火场用水需要。

(二)注意事项

1. 灭火人员进行火情侦察时应做好个人防护,在深入火场内部侦察、疏散和灭火过程中,要注意墙体、建筑构件燃烧程度,防止倒塌伤人。

2. 对破拆范围要从严控制,防止破拆范围过大,必要时也可强行破拆。同时,对房主阻止破拆的,要进行耐心说服,避免冲突。

3. 扑打残火时,要与山墙、间隔墙保持一定的安全距离,射水时一般不要直接射到墙体上,防止墙体倒塌,造成人员伤亡。

4. 防止住宅内存放的汽油、柴油桶、液化石油气罐或其他危险化学品发生爆炸或燃烧,造成人员伤亡。

三、电气火灾扑救

(一)扑救原则与方法

1. 断电灭火。发生电气火灾时,应尽可能实施断电后救火。断电的最简便办法是拉开故障线路的电源开关或断开其熔断器。由于发生火灾时这些设备的绝缘强度可能降低,因此上述操作应借助绝缘工具来进行。

2. 带电灭火。如果无法切断电源或时间紧迫来不及切断电源时,可实施带电救火。但应使用不导电的二氧化碳或其他干粉性灭火剂来灭火。如果火灾现场附近没有这些器材,也可使用干燥的沙土覆盖等办法灭火。带电灭火时不能用水或泡沫灭火剂,因为它们均能导电,可能造成短路,或使人触电。

(二)注意事项

1. 发生火灾时要首先考虑切断电源以免触电,避免电气设备与线路短路扩大。停电时,应按规程进行操作,防止带负荷拉闸。

2. 断电救火如果不能拉开电源开关或断开熔断器断电(如火场离开关较远)时,也可采用剪断电线的办法。但应注意要使用绝缘良好的工具。火线和零线应分开错位剪断,以免在钳口处造成短路,并防止电源线掉在地上造成短路使人员触电。

3. 剪断空中电线时,剪断位置应选择在电源方向有一定的支持物附近,防止导线断落后触及人体或短路。

4. 带电线出现接地时应及时设定警戒区域,防止人员进入而触电。

5. 夜间发生电气火灾,切断电源时,应同时考虑灭火所需的临时照明措施。

四、打谷场火灾扑救

打谷场大都远离村庄,通往打谷场的道路多为田间小路,行车困难,发生火灾初期主要依靠当地村民进行协作扑救。

(一)扑救原则与方法

1. 进入收获季节前,农村应建立、健全临时灭火组织,场内实行轮流值班,昼夜守护。

2. 应配备一些钩、耙、锹等灭火工具和灭火用的水缸、水桶、脸盆,并存放一定的灭火用水。有条件的打谷场,还应配备手抬机动消防泵、水带、水枪以及干粉、泡沫灭火器,以便及时扑灭机械设备的电气火灾和油火。

3. 对受到火势威胁的机械、电机设备,应组织力量进行疏散,对难以搬移的忌水设备(如电动机)应进行遮盖保护。

4. 谷物在摊晒、碾轧、脱粒时起火,可以用水泼、用沙土压埋等方法灭火。如果大面积打谷场火势扩大,依靠在场力量不足以扑灭火灾,阻止火势蔓延时,可以开辟隔离带,将隔离带内的谷物等可燃物搬走。

5. 场院堆垛起火时,应组织群众将着火堆垛包围起来,采取边扒边打的方法,一边翻动谷物、谷草堆垛,一边利用水桶、脸盆等向着火堆垛泼水灭火,也可用砂土压埋控制火势,防止向邻垛和其他可燃物蔓延。

6. 公安消防人员到场后,应根据火势情况,采取相应战术。对已着火的谷草堆垛,保护价值不大,而应在着火堆垛下风方向部署一定数量的水枪,把重点放在阻止火势蔓延和控制飞火上。

(二)注意事项

1. 扑救打谷场火灾用水量较大,扑救时应根据火灾情况,灵活机动地变换水流,节约用水。在水源缺乏的情况下,可组织群众,用土覆盖火焰,控制、消灭火势。

2. 打谷场上应备有水桶、铁锹等通用灭火工具,且应放在取用方便的地方。

3. 扑救过程中,在火场的下风方向应派专人严密看守,及时扑灭飞火。

4. 对扑救后的谷物堆垛和粮食堆,要及时把堆垛翻开,彻底消灭残火。同时,应设专人在现场看护,以防留下隐蔽火源,做到随时发现,随时扑灭。

五、养殖场火灾扑救

扑救农村养殖场火灾,也要针对其特点采取有效扑救措施。

(一)扑救原则与方法

1. 要先将牲畜、家禽疏散到安全地带。抢救农用牲畜时,要将牲畜眼睛蒙上牵出;疏散成群牲畜时,可集中赶到其他安全圈舍或空房内。

2. 畜棚、禽舍发生火灾后,如果中间起火,要堵截火势向两侧蔓延;一侧起火,要堵截火势向另一侧蔓延;如果住宅受到火势威胁,要堵截火势向住宅蔓延。

3. 住宅发生火灾,要堵截火势向畜棚或禽舍蔓延。

4. 饲料堆垛发生火灾,要控制火势向畜棚或禽舍蔓延。

5. 当水源不足或无法通车时,要发挥随车配备的手抬机动消防泵和当地抽水机具机动、灵活的优势灭火,以保证火场用水需要。

(二)注意事项

1. 疏散到安全地点的牲畜,要指派专人看管,防止受惊后的牲畜到处乱跑乱窜、伤人或重新跑回火场。

2. 一般农用牲畜棚内设有地下水缸,以供牲畜饮水和拌料使用,灭火人员要问明情况后再进入棚舍,以防掉入缸内。

3. 进入畜棚或禽舍内灭火时要防止倒塌砸伤。

4. 进入封闭性较严的场所灭火,要防止烟气中毒或氧气不足导致人员窒息。

六、农机站火灾扑救

(一)扑救原则与方法

1. 平时应加强对农机站全体人员的灭火常识教育,配备一定数量的消防器材,增强自救能力,争取能够扑灭初期火灾。

2. 要将抢救机械设备作为重点,集合人员将库内受到火灾威胁的农业机械抢救出库,疏散到安全地点。

3. 如火势较大,自救困难,应立即组织力量在下风方向进行破拆,形成一定的阻火间距,控制火势蔓延,特别是控制火势向油库方向蔓延。

4. 若油库发生火灾,应立即将受到火势威胁的油桶疏散到安全地带,对已经燃烧的油桶或难以疏散的油罐,应组织力量及时用水冷却,防止爆炸。

5. 公安消防队到场后,应首先做好火情侦察,将保护和疏散物资及防止油库燃烧爆炸作为重点,进行重点设防,适时破拆,有效阻截、控制和消灭火灾。

(二)注意事项

1. 农机站的车库、零件库、农机库、维修间的建筑跨度较大,着火后库顶容易倒塌。灭火时,应注意建筑的燃烧程度,严禁盲目进攻,防止库顶倒塌伤人。

2. 农机着火后,要注意对油箱及时冷却,防止爆炸伤人或扩大火势。

3. 疏散农机时,库房门口及机车两侧不要站人,防止挤伤和碰伤。

七、山林火灾扑救

(一)扑救方法

扑救林火有人工扑打、用土灭火、用水灭火、用气灭火、以火灭火、开设防火线防止火灾蔓延、人工降雨、风力灭火机、化学灭火、爆炸灭火和航空灭火等基本方法。

(二)扑火机具

主要有用于扑灭明火和余火、开防火线的机具。包括风力灭火机、二号扑火机具、手投式灭火弹、小型水泵、水枪、砍刀、铲子、割灌机、油锯、锯子、斧子、锄头等。

（三）扑救措施

第一种是直接灭火法。方法是使用灭火机具直接与火交锋，使火停止燃烧。这种方法一般适用于弱度、中度地表火（人能靠近灭火），不适合猛烈燃烧的大火或树冠火。直接灭火法采用的机具很多，可以使用机械扑火工具，也可以用化学灭火药剂、水、土。第二种是间接灭火法。主要是建立防火隔离带，如开防火线、挖防火沟、以火攻火等。它主要适用于猛烈燃烧的地表火、树冠火和难灭的地下火。

（四）扑救程序

根据山林火灾发生规律和扑火特点，扑救山林火灾必须遵循"先控制，后消灭，再巩固"的程序，分阶段地进行。

1. 控制火势阶段。即初期灭火阶段，也是扑火最紧迫的阶段。其任务主要是封锁火头、控制火势，把火限制在一定的范围内燃烧。

2. 稳定火势阶段。在封锁火头，控制火势后，必须采取更有效措施扑打火翼，防止火向两侧扩展蔓延。这是扑火最关键阶段。

3. 清理余火阶段。火被扑灭后，必须在火烧迹地上进行巡逻，发现余火要立即熄灭。

4. 看守火场阶段。主要任务是留守人员看守火场。一般荒山和幼林地起火监守12个小时，中龄林、成龄林地起火监守24个小时以上，方可考虑撤离，目的是防止死灰复燃。

（五）注意事项

1. 发现森林火灾，应立即向当地村组、机关、企事业单位呼救或向当地政府、森林防火指挥部报告，在有关部门的统一组织和指挥下参加扑救，严禁单独行动。

2. 在山高坡陡、地形复杂、风向多变的特殊条件下，夜间对火场原则上围而不打，应组织开设防火隔离带间接扑打。

3. 千万不要进入三面环山、鞍状山谷、狭窄草塘沟、窄谷、向阳山坡等地段直接扑打火头。

八、草原（场）火灾扑救

一旦发生草原（场）火，要采取一切可能的手段，将其迅速扑灭，争取"打早、打小、打了"。目前草原（场）灭火主要有直接灭火和间接灭火两种方法。两种方法在扑救时既可单独运用，也可配合运用。

（一）直接灭火法

利用各种有利的时机和条件，运用各种灭火工具，直接扑灭正在燃烧的各种火。具体方法有：

1. 扑打法。适用于初发火及弱度火的扑救。一般采用扫帚及二号工具等，沿火场两侧边缘向前扑打。扑打时须轻拉重压，避免带起火星，扑打方向不要上下垂直，应从火的外侧向内斜打，一打一拖。

2. 沙土埋压法。地面枯枝落叶层厚，火势强烈，靠人力扑打不易灭火时，可使用沙土埋压法，用喷土枪、铁锹等挖取沙土压灭火焰。

3. 水和灭火剂喷洒灭火法。如果火场附近有水，应当用水扑救，有抽水机喷水则更佳，如果有灭火剂，也可用于灭火。

4. 使用风力灭火机灭火。

5. 飞机灭火。在火场上空喷洒灭火剂或投掷水弹。

（二）间接灭火法

采用直接灭火法不能控制火势时，要充分考虑地形、地物、将火头赶往道路、河流、荒漠等地形，以阻止燃烧。如果没有这种地形、地物条件，又无其他方法控制火势，而火势有可能延烧到更大面积的草原（场），或串烧森林、居民点、畜群场等，这时应抽调一定的力量，迅速撤离火场，在火头前进方向或重要场所的一定距离处，采用各种措施，开辟防火道，阻止火势蔓延，将火灾损失控制在一定的范围。

1. 开设防火道的地点与要求。防火道与火头的距离，应按打成防火道所需的时间和在这段时间内火头前进最长的距离来估算。防火道的宽度以相当于草高的10倍，长度应是火蔓延宽度的1.5~2倍为宜。一般应开辟平行并列的防火道2~3条，道间距离为10米。

2. 开设防火道的方法。一是刈割、搂收草原（场）可燃物并将其运到他处；二是用开沟机、拖拉机、推土机或铁锹等机具开挖生土带；三是用火烧法，使用这种方法要慎重，须经灭火指挥员同意后进行。

疏 散 逃 生

　　火灾预防固然重要,但要完全杜绝火灾发生几乎是不可能的事。因此,在火灾发生之后,除了积极扑救之外,还有一项非常重要的内容,那就是快速逃生。常言道:"只有绝望的人,没有绝望的处境",无论是建筑发生火灾后的逃生自救,还是山林、草场火灾中的紧急避难,身处险境的人,只要你冷静机智并具备消防逃生知识,关键时刻在很大程度上能够拯救自己。

　　一、建筑火灾逃生

　　(一)沉着冷静,及时报警

　　发生火灾后,要立即拨打火警电话"119"。切莫呼喊哭叫,因为哭叫会增加有毒气体的吸入量,大大提高人们中毒的危险性。

　　居住在楼上的你被火包围,难以逃生又无法报警时,可以向窗外呼叫,或晃动鲜艳的头巾或衣物、敲击脸盆等发出声响的金属制品,也可以向外抛轻型显眼的东西。如果在晚上,所有灯光失灵,可以用手电筒,不停地在窗口闪动,及时发出有效的求救信号,以引起救援者的注意,便于展开营救。

　　(二)找准出口,快速逃走

　　平房起火应尽快从大门或边门逃出,逃生的路线要注意,朝着有照明或明亮处迅速撤离;若在楼上,应沿烟气不浓、大火尚未烧及的楼梯、应急疏散通道以及楼外附设的敞开式楼梯等往下跑,一旦在逃离的过程中受到烟火封堵,应从水平方向选择其他通道逃生。

火灾发生后,应迅速撤离现场,条件不许可时切忌贪念财物如现金、存折、证件、首饰、书包等私有物品。因为提取、翻找这些东西只能带来累赘,造成逃生时间上的延误。要树立"安全第一""时间就是生命"的观念,抓住有利时机,就近利用一切可以利用的工具、物品,想方设法迅速撤离火灾危险区。已经逃离险境的人员,切莫重返危险地带,自投罗网。

(三)毛巾湿布,降温滤毒

火场各类物质的燃烧与不完全燃烧,必然伴随大量有毒、有害烟气的生成,主要有一氧化碳、二氧化碳、二氧化硫、氨、硫化氢、氢氧化物等成分复杂的有毒气体。其中,一氧化碳是一种对人体具有直接损害作用的气体,当空气中一氧化碳浓度达1.3%时,人吸入两三口就会失去知觉,呼吸1~3分钟就可能死亡。同时,火灾现场的燃烧会消耗大量的氧气,并不断释放出二氧化碳,使人体得不到所需要的正常的氧气含量。当空气中二氧化碳的含量达到3%时,人就会感到呼吸急促;达到10%时,就会丧失知觉、呼吸停止而死亡。大量的火灾案例证明,烟气是火场上的第一杀手。在火灾中丧生的人,受烟雾中毒、窒息而死亡的比例远比烧死的要高。

因此,一旦被烟困住时,降温、防烟雾中毒、防窒息是非常重要的。发现火灾时,人多处在烟雾中,如果短时间内难以逃离,应尽快用折叠起的湿毛巾或湿布蒙住口鼻保护,既能降低呼吸到的空气温度,又能起到过滤烟气的作用。

(四)弯腰俯身,避免烟熏

现代建筑虽然比较坚固,但几乎所有的装饰材料,诸如沙发、塑料壁纸、化纤地板、人造宝丽板等,均为易燃物品。这些化学装饰材料燃烧时散发出的有毒气体,随着浓烟迅速蔓延,其速度是人正常奔跑速度的2~7倍,人们即使不烧死,也会因烟雾毒气而窒息死亡。

所以,当烟雾太浓时,宜俯下身子甚至俯卧爬行,因烟气及毒气在火灾中往上方升腾,贴近地面的空气,一般比较清洁少烟,且含氧量较多,可避免被毒烟熏倒而窒息。

(五)借助结绳,脱离险境

发生火灾时安全通道被堵,救援人员又不能及时赶到,情况万分危急时,可迅速利用身边的绳索或可将窗帘、被罩、床单等撕成条,连接成绳,用水浇湿,一端固定在暖气管道或其他负载物体上,另一端沿窗口下垂至地面或较低的楼层的窗口、阳台处,然后顺绳下滑逃生。

当楼房突然发生火灾时,切不可惊慌失措,以免做出错误的决断而冒险跳楼。除了楼层较低、跳下有一定的把握外,一般不可选择跳楼的方法逃生。

(六)临时避险,等待救援

如果浓烟已经堵住去路,来不及穿过烟区进行逃生,那么应该想方设法把烟气堵在外面。当烟气已经把通往室外的走廊、楼梯等部位封住,人们无法冲出房间进行逃生时,应该关闭和堵住所有可能进烟的开口及其缝隙。可用棉被、毛毯、衣物等物品钉在门、窗及其他开口上,再用水浇湿,同时将各种缝隙封死,防止烟气从这些缝隙中慢慢穿透进来。然后观察室外火情,努力寻找其他路径或者采用其他方法逃生。

如果烟气已经进入房间,则不可在室内久留。应赶紧撤到阳台或者窗口,挥动颜色鲜艳的物品或者大声呼喊向外发出求救信号。还可以打开与外界非烟雾区相通的通道、窗户或者砸碎玻璃,首先让自己能够尽量呼吸到新鲜空气,然后再发出求救信号,设法逃生或等待救援。

(七)跳楼求生,设法缓冲

火场上切勿盲目跳楼。除非在万不得已、不跳楼即有生命危险的情况下,楼层较低时可以采取跳楼的方法逃生。一般跳楼的最大高度为7~8米,超过这个高度,不要选择冒险跳楼。

即便跳楼也应把握技巧,比如事先向下方投掷棉被、沙发、坐垫等松软物品,以实现"软着陆",然后手扒窗台,身体下垂自然下落,以此来缩短与地面的距离。并根据周围的地形,选择平台、树木、沙土地、楼下的石棉瓦车棚、水池等处或者撑开大雨伞跳下,以减缓冲击力,减轻对身体造成的伤害。徒手跳下时要用双手抱紧自己的头部,身体弯曲,蜷成一团,以减轻对头部造成的伤害。

(八)有序疏散,防止踩踏

在人员较多的火灾现场,如果无组织、无秩序,被困人员由于恐慌,极易盲目乱跑,互相拥挤,甚至互相踩压等造成伤亡事故。

被困人员应以大局为重,遵守公德,使大家都能快速有序地撤离火场。如当火灾发生时高喊"着火了",或用力敲门向他人报警,年轻力壮和有行为能力的人应积极救人、灭火,帮助年老体弱者、妇女和儿童以及受火灾威胁最大的人员首先逃离火场,维护现场秩序,避免混乱和踩踏现象的发生。

二、山林火灾避险

扑救山林火灾时,应事先选择好避火安全区和撤退路线,以防不测。在较开阔的平坦地,可以以河流、小溪、道路为依托,点起迎面火,使新火头向大火头方向逆风蔓延,阻挡火锋。如果误入火险环境,千万不能在火头前面,顺着风向与火赛跑。处在火头前面,后面大火袭来,有被大火包围的危险。因为顺风火蔓延的速度往往超过人的速度,很容易发生伤亡事故。一般山林火灾自救解围有以下四种方法:

1. 退入安全区。无论是扑火队员还是普通游客,在遭遇山火时,一定要观察火场变化,万一出现飞火和气旋时,立即进入火烧迹地以及植被较少、火焰较低的地区。

2. 点火自救。要统一行动,选择在比较平坦的地方,一边点顺风火,一边打两侧的火,一边跟着火头方向前进,进入到点火自救产生的火烧迹地内避火。要判明火势大小、火苗延烧的方向,应当逆风逃生,切不可顺风逃生。

3. 主动突围。当风向突变,火掉头时,要当机立断,选择草较小较少的地方,用衣服包住头,憋住一口气,迎火猛冲突围。试验证明,一个肢体健全的人一般可以在7~10秒内屏气突围。注意千万不能与火赛跑,只能对着火冲。如果被大火包围在半山腰时,要快速向山下跑,切忌往山上跑。

4. 紧急避险。火势逼近发生危险时,应就近选择植被少的地方卧倒,脚朝火冲来的方向,扒开浮土直到见着湿土,把脸放进小坑里面,用衣服包住头,双手放在身体正面。

三、草场火灾避险

牧民和游客遇到草原火灾时,首先一定要保持冷静,迅速作出科学的逃生计划。当火势逼近时,最忌慌乱中顺风跑,因为3~4级风的情况下,草原火的燃烧速度是每秒7~8米,人奔跑的速度远不及草原火的燃烧速度。

1. 躲避火势。如果火势离自己距离较远,可以跑向附近的安全区域进行避险,如躲避到大石头的后面,跳入身边的小河中,蹲在草原中的沙丘裸露处等。

2. 点火自救。如果牧民和游客身上带着打火机,可顺风点着身边的草原,为自己烧出一个安全区域,并迅速跑入烧过区域的中间位置进行避险。

3. 迎风突围。如果火势较近,来不及躲避和逃跑,则须迅速地迎风冲过火势。冲向火势时,牧民和游客须用衣物包裹住头部,避免头发和面部等易燃处烧伤,用浸湿的衣物包裹最佳。

4. 俯卧避险。如果火势近在咫尺,连冲过火势的时间也没有的话,一定要在第一时间用衣物捂住头部,面部朝下地卧倒在地,待草原火燃过后迅速处理衣服上的火点。

伤员急救

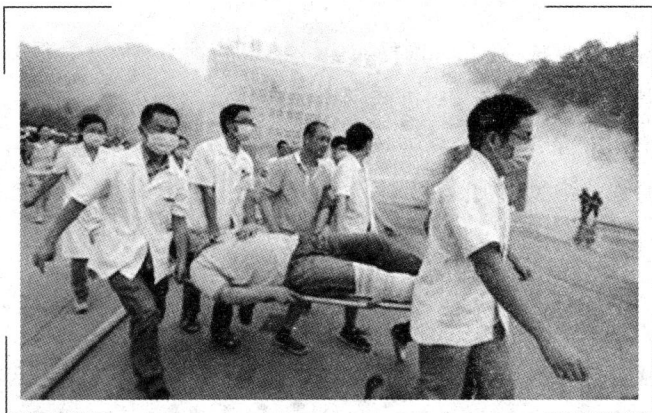

一、火场烧伤急救

火场烧烫伤紧急处理通常有五个步骤:冲、脱、泡、包、送。"冲"是指烧烫伤后立即脱离热源,用流动的冷水冲洗创面,降低创面温度,防止造成组织损伤加重;"脱"即脱去衣服,否则没有脱离热源,仍然会加重伤情;"泡"是指脱下衣服后要继续把伤口泡在冷水中。可持续降温,避免起泡或加重病情。如果出现水泡,注意不要弄破,由医生处理;"包"就是包裹伤面,送医院之前要先包裹伤面,例如裹上一块干净的毛巾也可,切忌乱涂抹药膏;"送"是指送医就诊,寻求医生的救助。

一般根据烧伤的不同情况,具体的急救措施有:

1. 扑灭火焰,迅速脱离致伤现场。当衣服着火时,应采用各种方法尽快地灭火,如水浸、水淋、就地卧倒翻滚等,千万不可直立奔跑或站立呼喊,以免助长燃烧,引起或加重呼吸道烧伤。灭火后伤员应立即将衣服脱去,如衣服和皮肤粘在一起,可在救护人员的帮助下把未粘的部分剪去,并对创面进行包扎。

2. 防止休克、感染。为防止伤员休克和创面发生感染,应给伤员口服止痛片(有颅脑或重度呼吸道烧伤时,禁用吗啡)和磺胺类药,或肌肉注射抗生素,并给口服烧伤饮料,或饮淡盐茶水、淡盐水等,一般以少量多次为宜。如发生呕吐、腹胀等,应停止口服。要禁止伤员单纯喝白开水或糖水,以免引起脑水肿等并发症。

3. 及时包扎,创面保护。在火场,对于烧伤创面一般可不做特殊处理,尽量不要弄破水泡,不能涂甲紫一类有色的外用药,以免影响烧伤面深度的判断。为防止创面继续污染,避免加重感染和加深创面,对创面应立即用三角巾、大块纱布、清洁的衣服和被单等,进行简单而确实的包扎。手足被烧伤时,应将各个指、趾分开包扎,以防粘连。

4. 合并伤处理。有骨折者应予以固定;有出血时应紧急止血;有颅脑、胸腹部损伤者,必须作出相应处理,并及时送医院救治。

5. 迅速送往医院救治。伤员经火场简易急救后,应尽快送往临近医院救治。护送前及护送途中要注意防止休克。搬运时动作要轻柔,行动要平稳,以尽量减少伤员的痛苦。

二、火场中毒急救

凡是含碳的物质如煤、木材等在燃烧不完全时都可产生一氧化碳。一氧化碳进入人体后很快与血红蛋白结合,形成碳氧血红蛋白,而且不易解离使人中毒。中毒后常出现头痛、恶心、呕吐、乏力、昏厥等症状,甚至死亡。

对于火场上一氧化碳中毒人员的急救方法是:立即将病人移到空气新鲜的地方,松解衣服,但要注意保暖。清除口鼻分泌物和碳粒,保持呼吸道通畅,有条件者给予导管吸氧,判断是否有毒害性物质如一氧化碳、氰化氢中毒的可能性,确认有无呼吸和心跳,对呼吸心跳停止者立即进行人工呼吸和胸外心脏按压等急救措施。病人自主呼吸、心跳恢复后方可送医院做一般性后续治疗。严重者可考虑输血或换血,使组织能得到氧合血红蛋白,改善缺氧状态。

三、火场休克急救

火场休克是由于严重创伤、烧伤、触电、骨折的剧烈疼痛和大出血等引起的一种威胁伤员生命的严重综合征。如果救治不及时,常常可以使人致命。休克的症状是口唇及面色苍白、四肢发凉、脉搏微弱、呼吸加快、出冷汗、表情淡漠、口渴,严重者可出现血压下降,反应迟钝,甚至神志不清或昏迷。火场休克急救的主要方法是:

1. 在火场上要尽快地搜寻发现和抢救受伤人员,减少伤员在火场休克后的滞留时间,防止进一步受到烟火的侵袭。

2. 伤员脱离火灾现场后,应置于通风良好的地方,及时妥善地包扎伤口,减少出血、污染和疼痛。尤其对骨折、大关节伤和大块软组织伤,要及时地进行良好的固定。

3. 对出现休克症状的伤员,首先及时予以静脉补液复苏,能有效预防休克的发生或及时纠正休克,减轻创面损伤程度,降低烧伤并发症的发生率。

4. 对救出时已经休克的伤员,要安置在安全可靠的地方,让伤员平卧,保持呼吸通畅,然后安排做人工呼吸或其他心肺复苏法加以救治,即使恢复神智后也应安排送医院治疗。

5. 凡确定有内出血的伤员,要迅速送往医院救治。送医的基本原则是尽早、尽快、就近。途中要严密观察,防止因窒息而死亡。

附录一

农村消防安全公约

☆遵守电器安全使用规定,不违章用电和超负荷用电,电气线路老化及时更换。

☆遵守燃气安全使用规定,经常检查灶具,严禁擅自拆、改、装燃气设施与用具,严禁私自倾倒残液。

☆不在院子里和阳台上堆放易燃物品,不在危险地点或禁放区域燃放烟花爆竹。

☆不在住宅及公共建筑内存放汽油、酒精、香蕉水等易燃易爆危险化学物品。

☆不用易燃可燃材料乱搭乱建、装修房屋;室内装修严格执行有关防火安全管理规定。

☆疏散楼梯、走道与安全出口保持畅通,不擅自封堵、占用疏散通道,不随意堆放杂物或存放车辆。

☆搞好家庭火源管理,不在床上吸烟,不乱扔烟头。

☆家长教育儿童不玩火;火柴、打火机等放置在安全地点,不让儿童随意拿到。

☆人人自觉维护消防设施,学习消防常识,掌握灭火技能,发现火灾及时报警,成年人积极参加有组织的灭火活动。

☆遇到火灾不慌张,及时组织自救与人员疏散,并积极配合消防队搞好火灾扑救与火灾事故调查等工作。

附录二

家庭防火自查指南

☆家庭是社会的细胞,家庭日常生活中有许多消防常识,懂得和掌握这些知识对于做好防火工作是十分必要的。

☆教育孩子不要玩火,不玩弄火柴、打火机以及电器设备。有小孩的家庭最好不要在孩子活动的范围内放置落地灯、落地扇之类易倒的电器,床上最好不要使用床头灯,以免被小孩玩弄而引发事故。

☆不私接乱拉电线,插座上不要使用过多的用电设备,防止电线超负荷而起火。不用铜、铁、铝丝等代替刀闸开关上的保险丝。最好不要使用全塑料的台灯、抽油烟机等,由于其防火性能不佳,容易着火。

☆炉灶附近不放置可燃易燃物品,炉灰完全熄灭后再倾倒,柴草垛要远离房屋。厨房内如果使用柴火,柴草不应堆积过多,生火时注意防止带火的柴草掉入灶房引发火灾。燃气灶下方不要用木柜将液化石油气钢瓶封闭,防止气体泄漏不容易发现,遇到火源引起爆炸事故。液化气钢瓶不得横放,不得擅自倾倒残液和剧烈摇晃,严禁用开水加热、火烤及日晒。发现燃气泄漏,要迅速关闭气源阀门,打开门窗通风,切勿触动任何电器开关和使用明火,并迅速通知专业维修部门来处理,切记不要在燃气泄漏场所吸烟、动用明火或拨打电话。

☆家中不可存放总量超过0.5公升的汽油、酒精、香蕉水等易燃易爆物品。家庭室内装修不应使用过多的易燃可燃材料,如铺设地毯,最好选用阻燃型,以增强防火能力。

☆阳台上应少放杂物,尤其是可燃物,一方面防止东西过多超过其承重能力,同时也能防止被烟花爆竹等飞火引燃。

☆楼梯是火灾时最重要的生命通道,楼道和楼梯内不要堆放杂物,应尽量保证畅通,严禁放置可燃物品。

☆不可随意将烟蒂、火柴杆扔在废纸篓内或者可燃杂物上,不要躺在床上或沙发上吸烟。

☆使用蜡烛等明火照明时要有人看管,做到人离开时将火熄灭。点燃的蜡烛、蚊香和油灯不要靠近窗帘、报纸等易燃物,蜡烛不要固定和放置在纸箱、木桌等可燃物上,防止意外引起火灾。

☆外出或睡觉前要检查电器具是否断电,燃气阀门是否关闭,明火是否熄灭。大人离家而小孩独自在家时,千万不要点蜡烛或油灯照明或将大门反锁。

☆不在禁放区及楼道、阳台、柴草垛旁等地燃放烟花爆竹。

☆有自来水的家庭也应设置水缸或水桶,随时备足灭火用水。有条件的最好配备手抬泵、灭火器、灭火毯和手电筒等应急物品,火灾发生时可用来灭火和疏散时的应急照明。

☆家庭是每个人避风的港湾,只有掌握了消防的基本知识并随时注意防火,才能永葆家庭幸福平安!

参 考 文 献

[1]中华人民共和国消防法[Z].

[2]中华人民共和国安全生产法[Z].

[3]全民消防安全宣传教育纲要[Z].

[4]社会消防安全教育培训规定[Z].

[5]邹晓宁,曹忙根．基于信息化技术的消防安全网格化管理[M].合肥:安徽科学技术出版社,2014.

[6]姚斌,宋群立,芮磊．消防安全管理人简明工作手册[M].合肥:安徽人民出版社,2014.

[7]公安部消防局．中国消防年鉴(2014)[M].昆明:云南人民出版社,2014.

[8]中国计划出版社．消防技术标准规范汇编[M].北京:中国计划出版社,2015

后　　记

　　我国农村消防基础历来薄弱。随着农村经济的发展,各种火险因素不断增加,以至于农村火灾发生的次数与造成的灾害损失也一直居高不下。频繁发生的火灾,不仅扰乱了农村的生产、生活秩序,而且对社会稳定和农村经济发展造成了相当大的影响。尤其是重、特大火灾时有发生,有时一起重、特大火灾就使数十乃至数百户农家由温饱、小康重返贫困,有的还酿成众多家庭悲剧。如何加强农村防火工作,切实维护广大农民的根本利益,确保农村生产、生活的基本消防安全,已是当前消防工作一项极其重要而急迫的任务。

　　早在 2006 年,中央 1 号文件《关于推进社会主义新农村建设的若干意见》就提出,要"加强农村基础设施建设,改善社会主义新农村建设的物质条件,加强农村消防工作"。2011 年,中宣部、公安部、教育部等 8 部门联合颁布《全民消防安全宣传教育纲要》提出,要多形式、多渠道开展以"全民消防、生命至上"为主题的消防宣传教育,不断深化消防宣传进学校、进社区、进企业、进农村、进家庭的"五进"工作,大力普及消防安全知识,并重点加强对老人、妇女和儿童的消防安全教育;而我国是一个发展中国家,又是世界农业大国,农村消防工作自然是其极为重要的一个方面。如何持续有效地防止和遏制火灾发生,稳定农村消防安全形势,已成为新农村建设不能不正视的一项重要议题。

　　农村消防工作与广大农村人民群众的利益息息相关,做好农村消防工作离不开农村广大人民群众的积极参与和支持。提高广大农村人民群众的消防安全意识,是做好农村消防工作的基础和先决条件。在新的历史条件下,必须重点依靠群众,广泛发动群众,积极组织群众,把做好农村消防工作变成广大农民群众的自觉行动,努力形成全民消防的良好工作局面,打牢农村消防工作的基础。这就要求各级政府和有关部门切实履行《消防法》赋予的工作职责,针对当前农村消防工作所面临的新情况、新问题,采取务实有效的新方法、新对策,不断改善农村消防安全环境,当下的重要任务之一便是通过广泛深入地开展消防安全教育和宣传培训等工作,让广大农民群众一起关注消防、懂得消防、参与消防。这正是本书编写出版的目的和用意所在。

本书主要介绍了农村家庭和农村自办企业存在的火灾危险因素、火灾特点,围绕建筑防火、电气防火、生产作业和生活用火的控制与管理,以及相应的防火安全措施与火灾应急处置对策,概括性地介绍了相关知识内容,简明扼要,通俗易懂。

本书共分十章,第一章、第二章、第三章、第四章、第八章、第九章由姚斌编写,第五章、第六章、第七章、第十章由芮磊编写。本书可使读者进一步了解农村火灾的危害性,增强消防法制观念和消防安全意识以及自防自救能力,对于提高广大农村人民群众的消防安全素质,增强农村乡镇抗御火灾的能力,将会起到积极的作用。本书也可供消防部队指战员、消防管理人员使用,还可作为高等院校消防工程、消防指挥等专业的教学辅助读本。

最后需要特别说明的是,安徽人民出版社领导特别是责任编辑蒋越林先生对本书编校与出版发行倾注了大量心力,在此表示衷心感谢!由于本书专用于消防公益宣传,书中引用部分图片如涉及个人原创,请予谅解与支持。同时,限于笔者的水平和条件,加之编写时间仓促,书中难免存在一些疏漏和不妥之处,恳请广大读者及同仁批评指正。

编　者

2015 年 9 月